KB220269

《나는야 계산왕》을 함께 만들어 준 체험단 여러분,
진심으로 고맙습니다.

고준휘 곽민경 권도율 권승윤 권하경 김규민 김나은
김나은 김나현 김도윤 김도현 김민혁 김서윤 김서현
김수인 김슬아 김시원 김준형 김지오 김은우 김채율
김태훈 김하율 노연서 류소율 민아름 박가은 박민지
박재현 박주현 박태성 박하람 박하린 박현서 백민재
변서아 서유열 손민기 손예빈 송채현 신재현 신정원
엄상준 우연주 유다연 유수정 윤서나 이건우 이다혜
이재인 이지섭 이채이 전우주 전유찬 정고운 정라예
정석현 정태은 주하연 최서윤 편도훈 하재희 허승준
허준서 석준 태윤 요한 하랑 현블리

우리 아이들에겐
더 재미있는 수학 학습서가 필요합니다!

수학 시간이 되면 고개를 푹 숙이고 한숨짓는 아이들의 모습을 보며,
'좀 더 신나고 즐겁게 수학을 공부할 수는 없는 것일까?'
고민하던 선생님들이 뭉쳤습니다.

이제 곧 자녀를 초등학교에 보내야 하는
대한민국 최장수 웹툰 〈마음의 소리〉의 조석 작가도
기꺼이《나는야 계산왕》출간 프로젝트에 함께했습니다.

《나는야 계산왕》은
수학이라는 거대한 여정을 떠나야 하는 우리 아이들에게
수학은 즐겁고 재미있는 공부라는 것을 알려줍니다.
즐겁게 만화를 읽고
다양한 문제를 입체적으로 학습하면서,
수학이 얼마나 우리의 사고력과 상상력을 높고 넓게 키워주는지 확인하게 됩니다.

우리 아이의 수학 첫걸음을《나는야 계산왕》과 함께하도록 해주세요.
"엄마, 수학은 정말 재밌어!"
기뻐하는 아이의 모습을 확인하실 수 있을 거예요.

도와줘!
마음의소리
나는야
계산왕
1학년
1권

나는야 계산왕 1학년 1권

초판 1쇄 인쇄 2019년 11월 27일
초판 1쇄 발행 2019년 12월 4일

원작 조석 글·구성 김차명 좌승협 구성 도움 이효연 정소연
펴낸이 연준혁

출판 1본부 이사 배민수
출판 2분사 분사장 박경순
책임편집 박지혜
디자인 함지현

펴낸곳 (주)위즈덤하우스 미디어그룹 출판등록 2000년 5월 23일 제13-1071호
주소 경기도 고양시 일산동구 정발산로 43-20 센트럴프라자 6층
전화 031)936-4000 팩스 031)903-3893 홈페이지 www.wisdomhouse.co.kr

값 9,800원
ISBN 979-11-90427-26-5 64410
ISBN 979-11-90427-34-0 64410(세트)

원작 **조석**

글·구성

김차명 교사
좌승협 교사

감수

감경준 교사 송다솜 교사
양현모 교사 최유라 교사

위즈덤하우스

초등수학의 정석, 친절하고 유쾌한 길잡이!

《나는야 계산왕》이 있어 수학이 즐겁습니다!

★★★★★ 연산 문제집 한 페이지 풀기도 싫어하는 아이에게 혹시나 하는 마음에 보여줬어요. 만화만 볼 줄 알았는데 만화를 보고 난 뒤 옆에 있는 문제를 풀었더라고요. 하라고 하지도 않았는데 스스로 하는 게 신기했어요.

- 윤공 님

★★★★★ 집에 연산 문제집이 있었는데 아이가 너무 지루해했어요. 그래서 스스로 필요하다고 생각하기 전에 문제집은 사주지 않을 생각이었는데,《나는야 계산왕》은 체험판이 도착하자마자, 그 자리에 앉아서 한 번도 안 움직이고 다 풀었어요. 열심히 하는 사람을 뛰어넘을 수 있는 사람은 즐기는 사람밖에 없다는 말이 있지요? 즐거워하며 풀 수 있는 문제집인 만큼 주변 엄마들에게도 권해주고 싶습니다.

- 하얀토끼 님

★★★★★ 내가 조석이 된 것처럼 느껴졌다. 조석이 되어서 만화 속에서 문제를 푸는 느낌이 들었다. 엄마가 시간도 얼마 안 걸렸다고 칭찬해주셨다. 만화를 읽고 문제를 푸니 재미있었다.

- 체험단 박재현 군

★★★★★ 아이가 평소 접했던 만화 〈마음의 소리〉를 통해 이해하기 쉽게 설명되어 있어서 좋았습니다. 문제의 양도 적당해서 아이가 풀면서 성취감도 큰 것 같아요. 아직 저학년에게는 어렵게 다가가기보다는 즐겁게 다가가는 것이 좋은 것 같습니다. 아이가 좋아하고, 잘 이해합니다. 현직 교사가 만든 학습서라 믿음이 가요.

- 하랑맘 님

★★★★★ 친근한 캐릭터라 아이가 흥미를 가지네요. 계산 문제를 풀기 전에 학습 만화로 개념을 먼저 익혀서 좋아요. 부담스럽지 않은 분량이라 아이가 재미있게 공부하네요.

- 동글이맘 님

★★★★★ 아이가 문제집을 앉아서 풀도록 하기까지의 과정이 제일 힘들었어요. 문제를 제대로 읽지 않고 대충 풀려고 하는 자세를 바꾸는 것도 힘들었고요. 그런데 이 책은 개념에 대한 이해를 만화로 해주고 있다 보니 아이가 즐거워하고 일단 책을 펴기까지의 과정이 수월하네요.

- 하경승윤맘 님

★★★★★ 다른 교재들과 다르게 캐릭터 특징이 있어서 아이가 정말 집중해서 읽고 풀더라고요. 독특한 구성이라 더욱 좋아했던 것 같습니다. 아이가 개념 부분을 하나도 빼놓지 않고 읽은 적은 처음이었어요.

- 달콤초코 님

《나는야 계산왕》을 통해 여러분의 꿈에 한 발짝 가까워지기를 바랍니다

〈마음의 소리〉를 수학책으로 만든다는 이야기를 들었을때 제일 먼저 든 생각은 '우리 애들도 나중에 이 수학책으로 공부를 하면 재미있겠다!'라는 것이었습니다.
저야 어린시절부터 쭈욱 수학이란 과목을 어려워했지만 〈마음의 소리〉를 보던 어린 친구들이나 아니면 〈마음의 소리〉를 봐 오시다가 자녀가 생긴 독자분들이 이 책으로 수학을 접한다면 의미있겠다는 기분도 들었고요.

제가 웹툰을 그려오면서 공부와 관련된 책까지 함께할 거라는 생각은 해 본 적이 없어서 저 역시 두근거립니다. 개그만화로 웃음을 주는 것 이외에 다른 목적으로 책을 내 보는 건 처음이니까요. 물론 저도 풀어볼 예정이지만.... 아마 많이 틀리겠죠?
저처럼 커서도 수학이 어렵거나 꺼려지는 어른이 되지 않기 위해 독자분들은 이런 친근한 형태의 책으로 도움을 많이 받으셨으면 합니다.
훌륭한 선생님들께서 만들어 주신 책이라 아마 그럴 수 있지 않을까 싶네요!

단순히 재미난 문제집 한 권이 아닌, 즐거운 도움을 드리는 책이 되었으면 합니다.
조금 더 거창하게 말하자면 이 책을 접하는 어린 친구들이 먼 미래의 꿈을 이루는 데 도움이 되었으면 하고요.
여전히 수학이 어려운 저 같은 사람이 되지 않길 바라며 응원하겠습니다.
화이팅!

조석

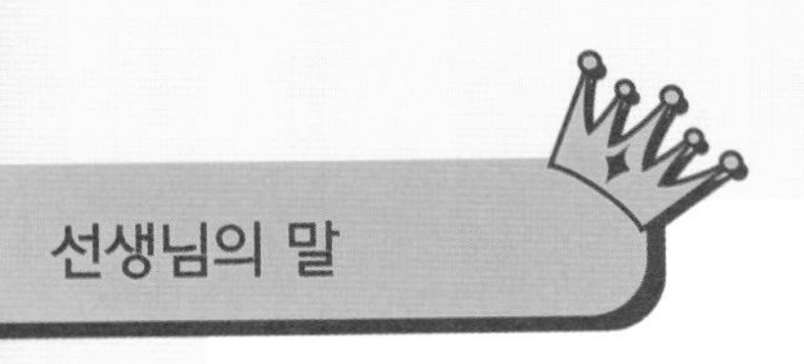

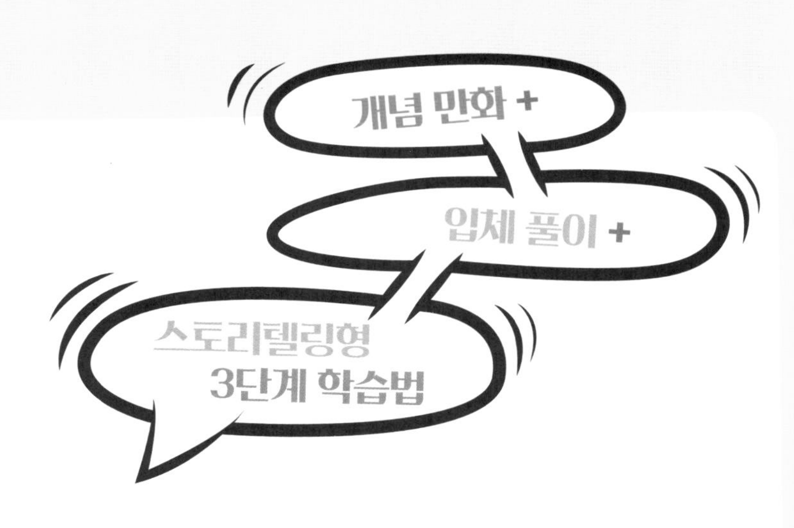

우리 아이들도 신나게 수학을 배울 수 있습니다!

매년 학부모 상담 기간이 되면 아이가 수학을 어려워한다며 걱정하시는 부모님들을 만나게 됩니다. 교사인 저희에게도 무척 고민이 되는 지점입니다. 숫자 가득한 문제집을 앞에 두고 한숨을 푹 쉬며 연필을 집어 드는 아이들을 볼 때마다 '우리 아이들이 신나게 수학을 배울 수는 없는 것일까' 교사로서의 걱정도 깊어집니다.

수학에 있어서 반복적인 문제풀이는 반드시 필요한 과정이지만, 기본 개념이 잡히지 않은 상태에서 무턱대고 문제만 푸는 것은 우리 아이들이 수학을 싫어하게 되는 가장 첫 번째 이유입니다. 아이들이 공부를 지겨워하는 것은, 지겨울 수밖에 없는 방식으로 배우기 때문입니다. 우리 어른들의 생각과 달리, 아이들은 모르는 것을 아는 일에, 아는 것을 새로운 방법으로 익히는 일에 훨씬 많은 흥미를 가지고 있습니다. 재미있게 가르치면 재미있게 배울 수 있고, 흥미를 느낀 이후에는 하나를 알려주면 열을 익히게 됩니다. 수학을 주입식으로 가르칠 것이 아니라, 개념을 알려주고 입체적으로 풀게 하는 것이 중요한 이유입니다. 이러한 고민을 바탕으로 개발한 문제집이 기본 개념을 만화로 익히고 문제는 다양한 유형으로 접하도록 한《나는야 계산왕》입니다.

STEP 01

깔깔깔 웃으며 수학의 기본을 익히는 개념 만화

집중시간이 짧은 아이들에게는 글보다는 잘 만든 시각자료가 필요합니다. 하지만 많은 아이들이 현실에서는 전혀 쓸모없어 보이는 예시를 가지고 무턱대고 사칙연산의 기본 개념을 암기하게 됩니다. "도대체 수학은 왜 배워요?"라는 질문도 아이들의 입장에선 어쩌면 당연합니다. 《나는야 계산왕》은 반복적인 문제풀이를 하기에 앞서, 온 국민이 사랑하는 웹툰 〈마음의 소리〉를 수학적 상황에 맞추어 각색한 만화로 읽도록 구성했습니다. 주인공 석이와 준이 형아가 함께 엄마의 심부름을 하고 방 탈출 카페를 가는 일상의 에피소드를 보며 실생활에서 수학의 기본 개념을 어떻게 접하고 해결할 수 있는지를 익히게 됩니다. 이를 통해 암기로서의 수학이 아니라, 우리의 일상을 더욱 즐겁고 효율적으로 만들어 주는 훌륭한 도구로서의 수학을 익히게 됩니다.

STEP 02

하루 한 장, 수학적 창의력을 키우는 문제풀이

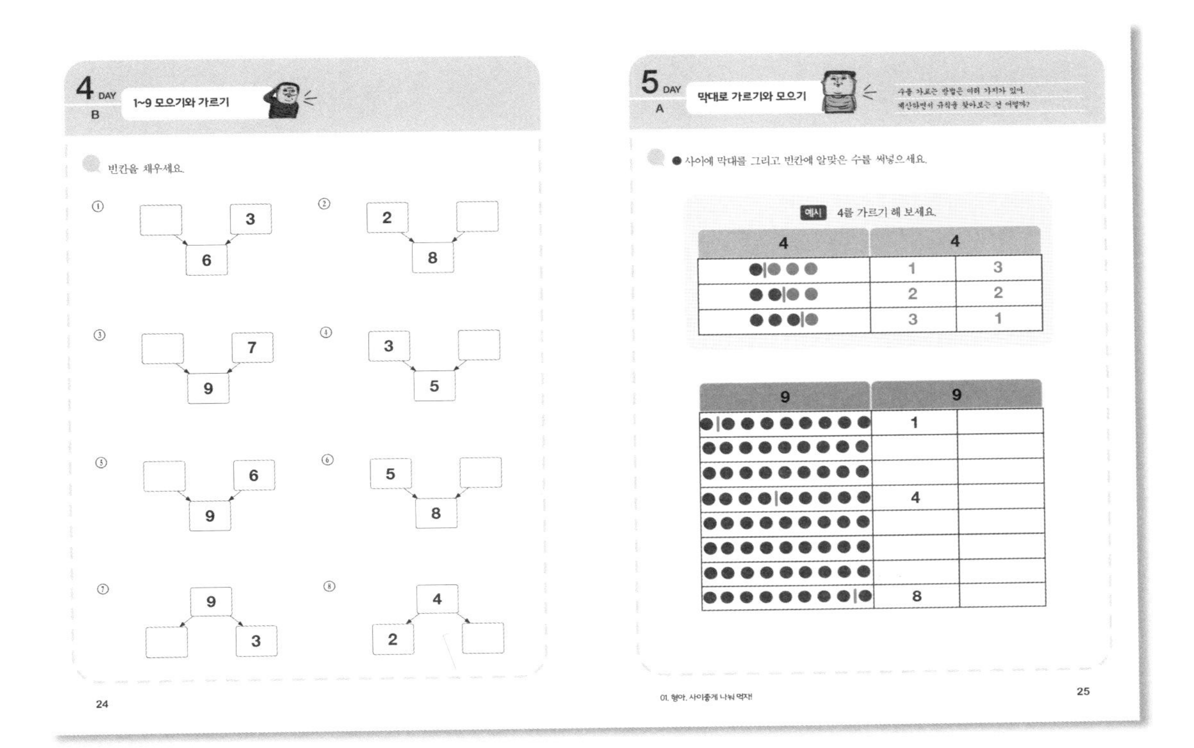

흔히 수학의 정답은 하나라고 이야기하지만, 이는 절반만 맞는 명제입니다. 수학의 정답은 하나이지만, 풀이는 다양합니다. 이 풀이까지를 다양하게 도출할 수 있어야, 진짜 수학의 정답을 맞히는 것입니다. 덧셈과 뺄셈, 곱셈과 나눗셈은 모두 역연산 관계에 있습니다. 1+2=3이고, 3-2=1이며, 1×2=2이고, 2÷2=1의 관계에 있습니다. 앞으로 풀면 덧셈이고 거꾸로 풀면 뺄셈이 되는 이 관계성만 잘 파악해도 초등수학은 훨씬 더 재밌어집니다. 《나는야 계산왕》은 사칙연산의 역연산 관계를 고려한 다양한 문제를 하루에 한 장씩 풀도록 구성했습니다. 뿐만 아이라 단순한 계산식을 이해하기 어려운 아이들을 위해 다양하고 입체적인 그림 연산으로 구성했습니다. 하루 한 장을 풀고 나면, 한 가지 정답을 만드는 두 개 이상의 풀이를 경험하게 됩니다. 문제를 접한 체험단 학생이 "만화보다 문제가 재밌다"는 평가를 줄 정도로 직관적이고 재미있습니다. 문제풀이만으로도 얼마든지 수학을 좋아하게 될 수 있다는 것을 보여줄 것입니다.

STEP 03

개정교육과정의 수학 교과 역량을 반영한 스토리텔링형 문제

2015개정교육과정은 총 6가지의 수학 교과 역량을 중점적으로 다루고 있습니다. 책은 '문제해결, 추론, 창의·융합, 의사소통, 정보 처리, 태도 및 실천'이라는 핵심 교과 역량을 최대치로 끌어올렸습니다. 〈이야기로 풀어요〉에 해당하는 심화 문제들은, 어떤 수학 문제집에서도 나오지 않는 창의적인 문제 유형을 통해 교육과정이 요구하는 수학 역량들을 골고루 발달하도록 힘을 실어줍니다. 문제의 정답을 맞혀 잊어버린 현관문 비밀번호를 찾아내고, 미로를 뚫고 헤어진 친구를 다시 만나는 스토리텔링 형식의 문제를 통해 우리 아이들은 수학이라는 언어를 통해 새롭게 정보를 처리하고 문제를 해결하는 능력을 키울 수 있을 것입니다.

우리 가족 모두 계산왕이 될 거야!

★ 1학년 1학기 ★

1단원	9까지의 수를 모으고 가르기
2단원	한 자리 수의 덧셈
3단원	한 자리 수의 뺄셈
4단원	덧셈과 뺄셈 해 보기
5단원	덧셈식과 뺄셈식 만들기
6단원	19까지의 수를 모으고 가르기
7단원	50까지의 수
8단원	덧셈과 뺄셈 종합

★ 1학년 2학기 (2020년 2월 출간 예정) ★

1단원	100까지의 수
2단원	(몇 십 몇) ± (몇)
3단원	(몇 십) ± (몇 십)
4단원	(몇 십 몇) ± (몇 십 몇)
5단원	세 수의 덧셈과 뺄셈
6단원	10이 되는 더하기
7단원	받아올림이 있는 (몇) + (몇) = (십몇)
8단원	받아내림이 있는 (십몇) - (몇) = (몇)

★ 2학년 1학기 (2019년 11월 출간) ★

1단원	세 자리 수
2단원	받아올림이 있는 (두 자리 수) + (한 자리 수)
3단원	받아올림이 있는 (두 자리 수) + (두 자리 수) I
4단원	받아올림이 있는 (두 자리 수) + (두 자리 수) II
5단원	받아내림이 있는 (두 자리 수) - (한 자리 수)
6단원	받아내림이 있는 (몇 십) - (몇 십 몇)
7단원	받아내림이 있는 (몇 십 몇) - (몇 십 몇)
8단원	여러 가지 방법으로 덧셈, 뺄셈 하기
9단원	세 수의 덧셈과 뺄셈
10단원	곱셈의 의미

★ 2학년 2학기 (2020년 2월 출간 예정) ★

1단원	구구단 2, 5단
2단원	구구단 3, 6단
3단원	구구단 2, 5, 3, 6단 종합
4단원	구구단 4, 8단
5단원	구구단 7, 9, 1, 0단
6단원	구구단 4, 8, 7, 9, 1, 0단 종합
7단원	구구단 1~9단 종합(1)
8단원	구구단 1~9단 종합(2)

★ 3학년 1학기 (2020년 11월 출간 예정) ★

1단원	받아올림이 없는 세 자리 수 덧셈
2단원	받아올림이 있는 세 자리 수 덧셈
3단원	(세 자리 수) - (세 자리 수) I
4단원	(세 자리 수) - (세 자리 수) II
5단원	나눗셈(똑같이 나누기)
6단원	나눗셈(몫을 곱셈구구로 구하기)
7단원	(두 자리 수) × (한 자리 수) I
8단원	(두 자리 수) × (한 자리 수) II
9단원	(두 자리 수) × (한 자리 수) III
10단원	(두 자리 수) × (한 자리 수) IV

★ 3학년 2학기 (2020년 11월 출간 예정) ★

1단원	(세 자리 수) × (한 자리 수) I
2단원	(세 자리 수) × (한 자리 수) II
3단원	(두 자리 수) × (두 자리 수) I
4단원	(두 자리 수) × (두 자리 수) II
5단원	(몇 십) ÷ (몇)
6단원	(몇 십 몇) ÷ (몇)
7단원	나머지가 있는 (몇 십 몇) ÷ (몇)
8단원	(세 자리 수) ÷ (한 자리 수)
9단원	분수로 나타내기
10단원	여러 가지 분수와 크기 비교

01. 형아, 사이좋게 나눠 먹자! : 1~9 모으기와 가르기 … 14

02. 딱지치기만큼은 내가 1등! : 한 자리 수의 덧셈 … 28

03. 붕어빵 먹기는 정말 어려워! : 한 자리 수의 뺄셈 … 44

04. 수리 수리 마수리 얍! : 덧셈과 뺄셈 해 보기 … 58

05. 방 탈출 카페에 가다 : 식 만들기 … 72

06. 감 나누기 대작전 : 19까지 모으기와 가르기 … 86

07. 이제부터 수학왕 : 50까지의 수 … 102

08. 무서운 빵집 이야기 : 덧셈과 뺄셈 종합 … 116

01. 형아, 사이좋게 나눠 먹자!

자, 이제 먹어볼까?

잠깐, 동작 금지!
지금 뭐하자는 거야!

제대로 가르는 법도 몰라!?
아니, 도대체 어떻게 가르면 되는데?
싸 움

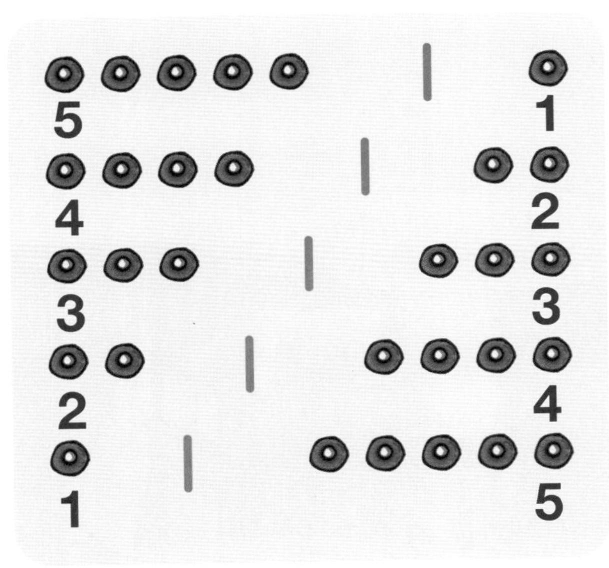
5 1
4 2
3 3
2 4
1 5

가를 수 있는 방법이 이렇게 많잖아!
뭐지…? 얘가 이렇게 똑똑했나!

웅
1등급 사이오닉 에너지파가 감지되었습니다
전화옴
헉! 엄마가 전화를 하셨어!
너 엄마를 뭐라고 저장해 둔 거야!

이유는 강아지 카메라 때문이었다.

애견용 CCTV로 우리의 상황을 보고 계셨던 것!

잠깐… 가르지 않고 모아서 같이 먹으면

먼저 먹는 사람이 임자 아니야!?

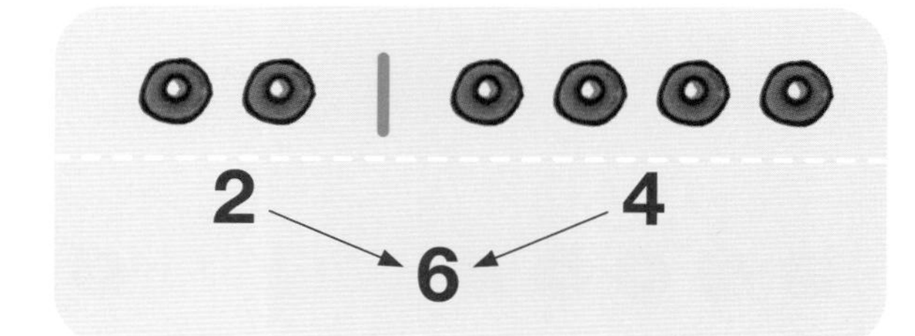

실 패

훈훈

짜식들,
진작 그럴 것이지!

마음의 꿀팁

주어진 수를 동그라미로 나타내고 막대를
동그라미 사이사이에 넣어 보자!
그러면 가르기를 훨씬 더 잘할 수 있어.
예를 들어 7개의 동그라미 사이에 막대를 넣으면
3개의 동그라미와 4개의 동그라미로 가를 수 있어.

9까지의 수 모으기

주어진 수를 보고 부족한 수만큼 동그라미를 그려 봐!
주어진 수만큼 동그라미를 모아야 해.

빈 곳에 ○를 그려요.

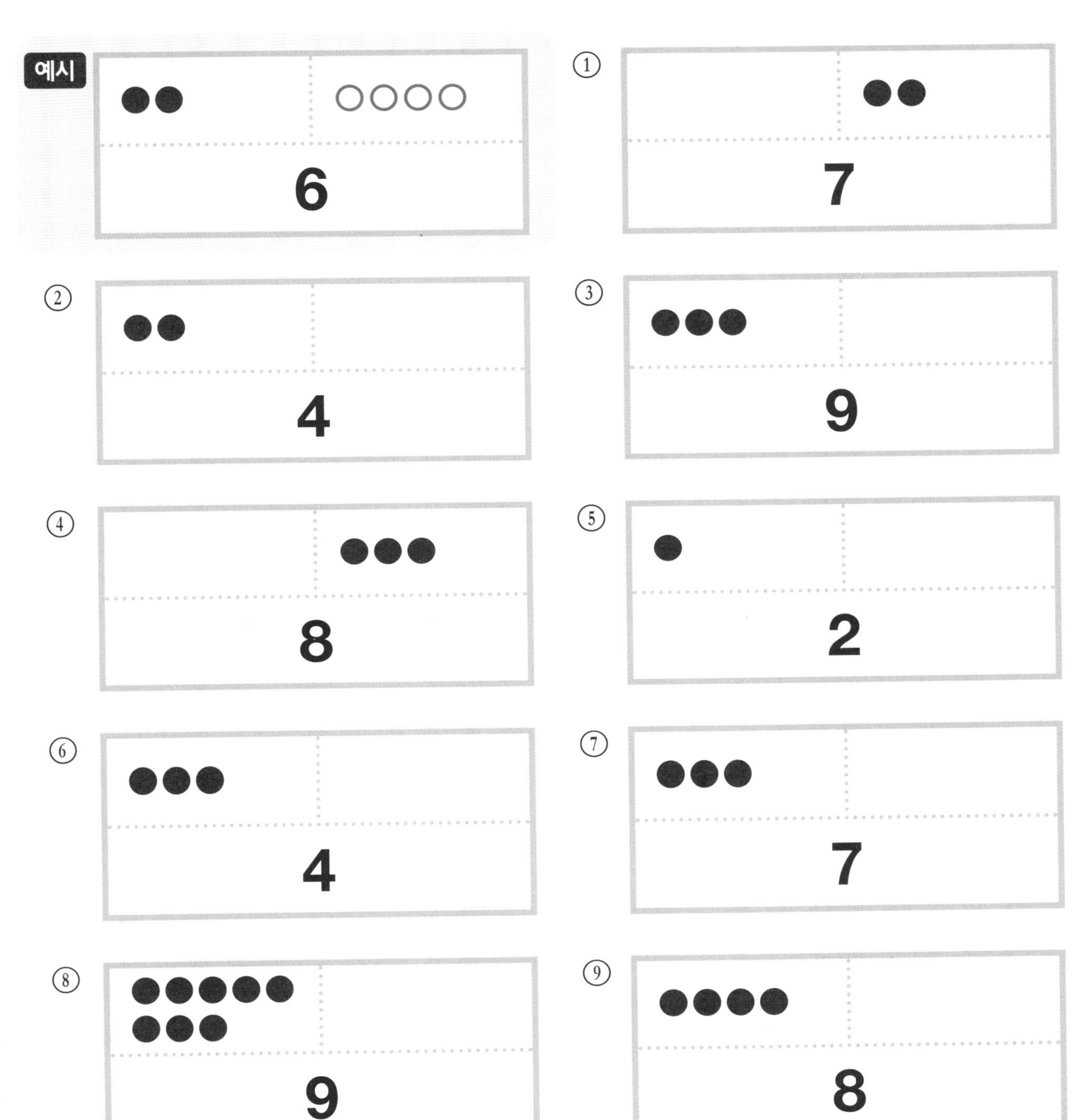

1 DAY B 9까지의 수 모으기

빈 곳에 ○ 를 그려요.

① 3

② 3

③ 6

④ 8

⑤
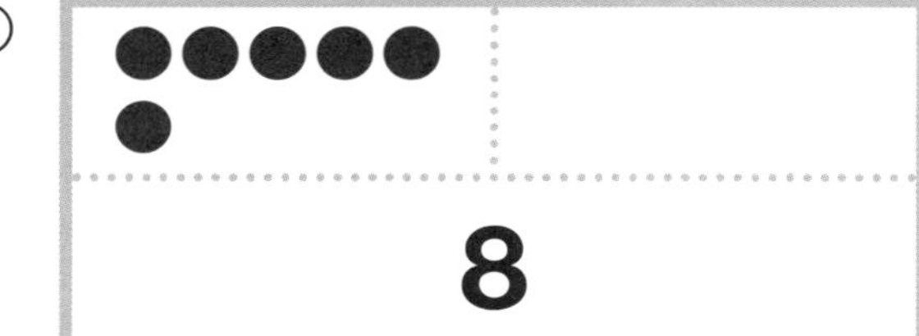
8

⑥ 9

⑦
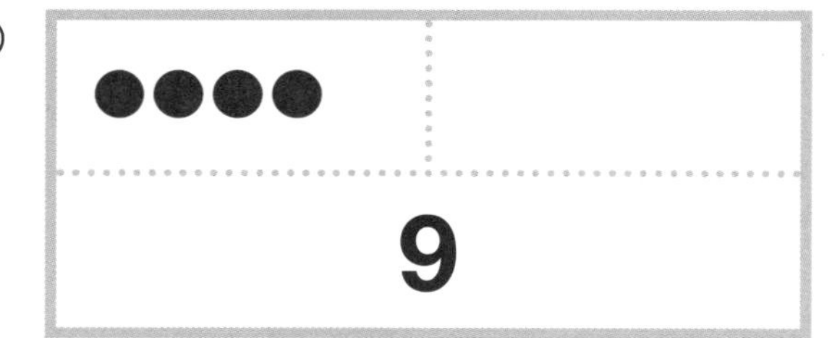
9

⑧ 6

⑨

7

⑩
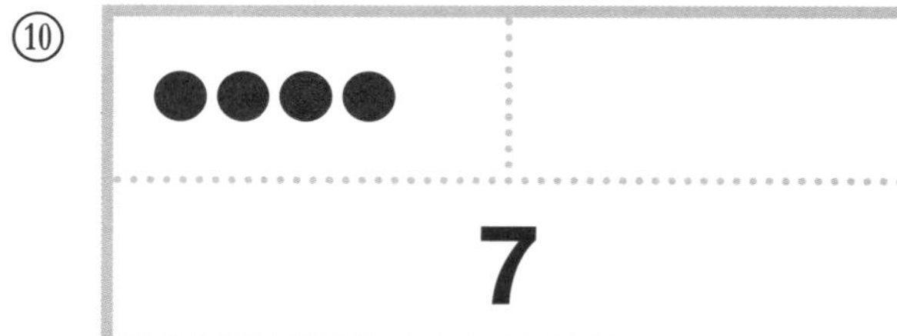
7

2 DAY A

9까지의 수 가르기

주어진 수만큼
동그라미를 그려보자.

빈 곳에 ○를 그려요.

예시

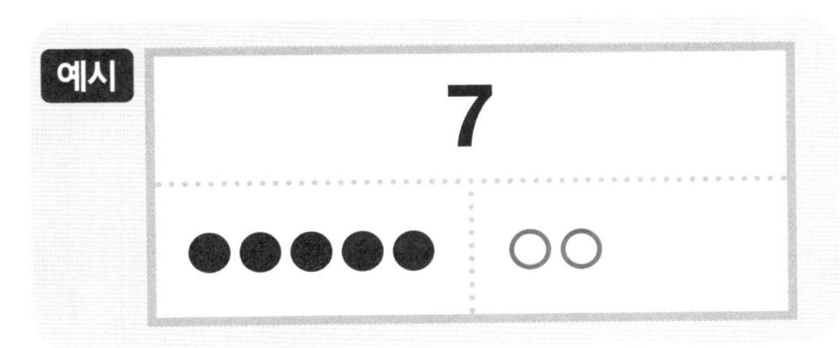

① 5

●●

②

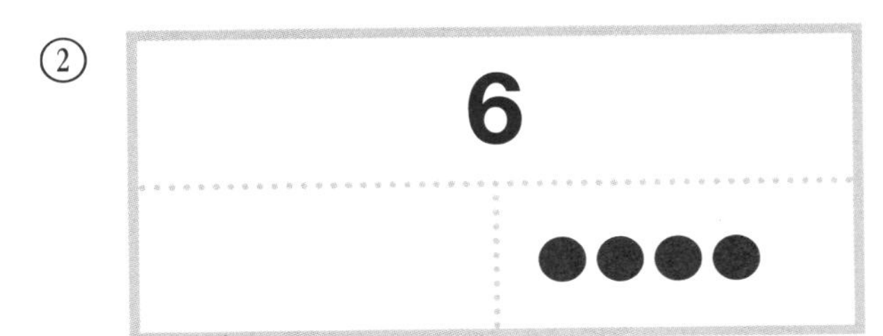

③ 3

●●

④

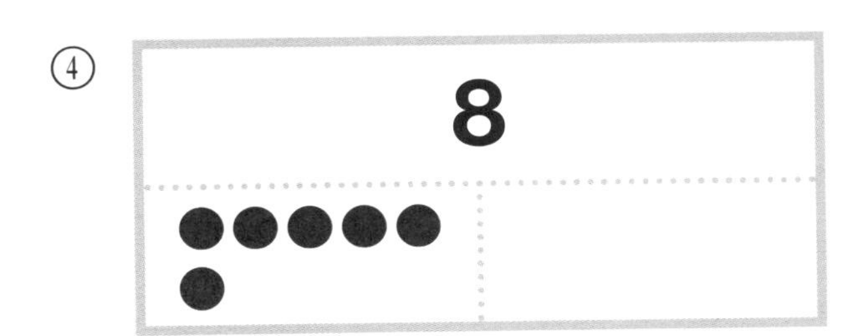

⑤ 9

●●●

⑥

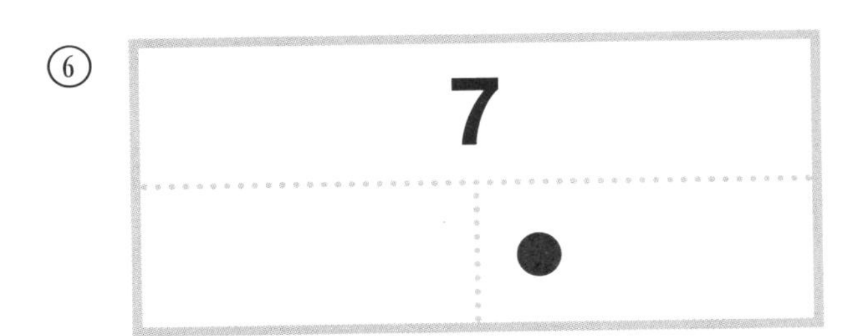

⑦ 5

●●●●

⑧

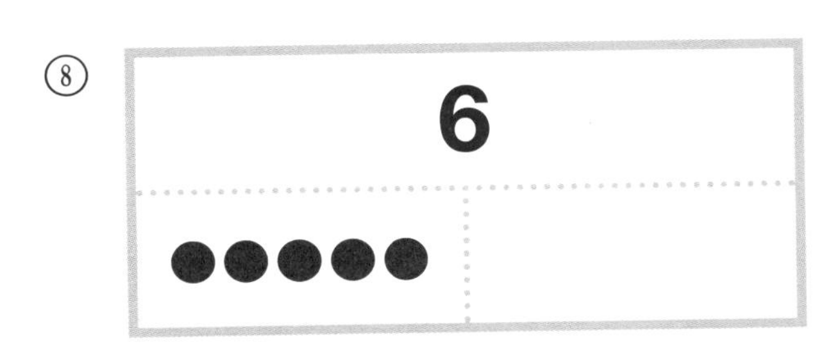

⑨ 4

●●●

2 DAY B

9까지의 수 가르기

빈 곳에 ○를 그려요.

①

②
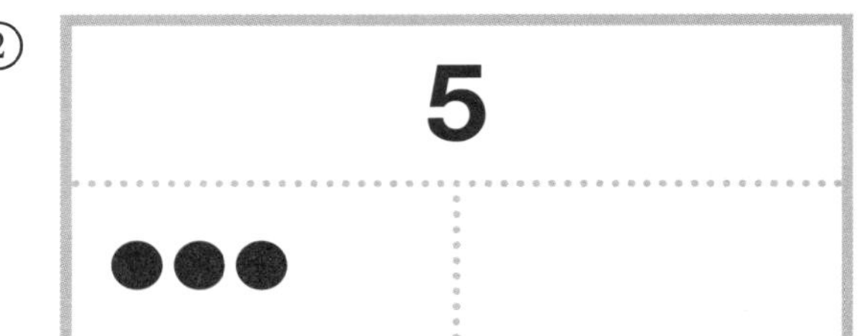

③

④
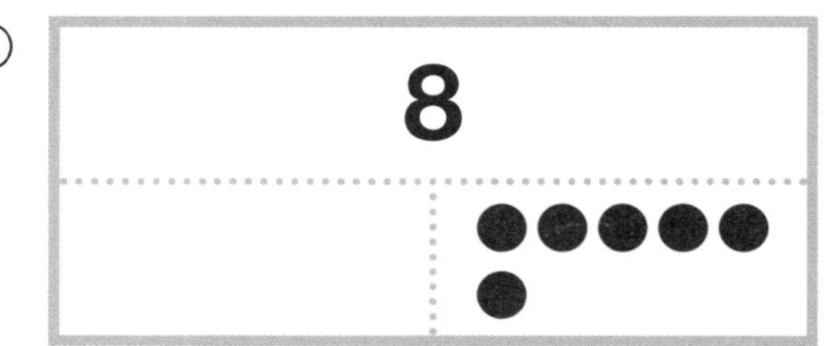

⑤
4

⑥
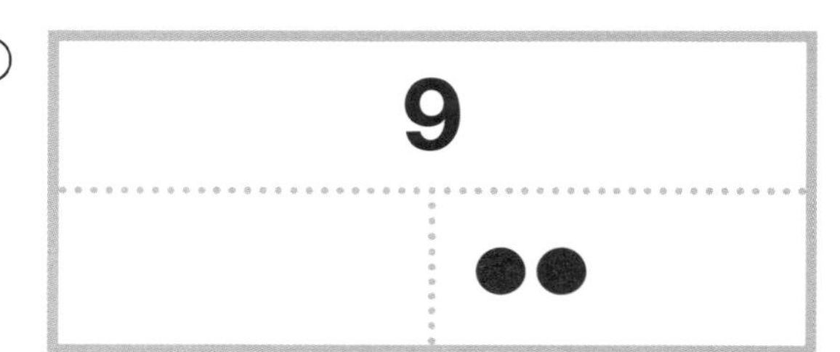

⑦
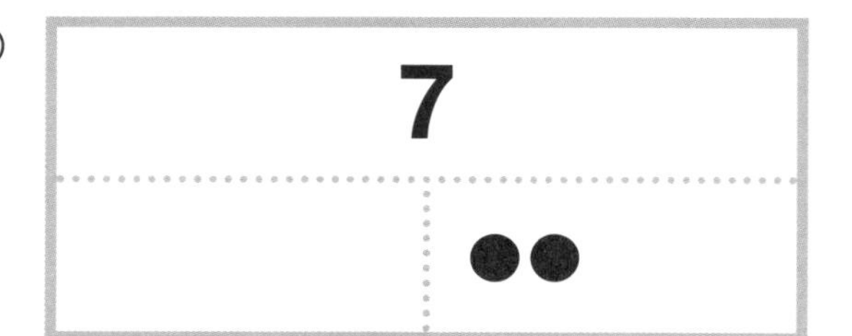

⑧

⑨
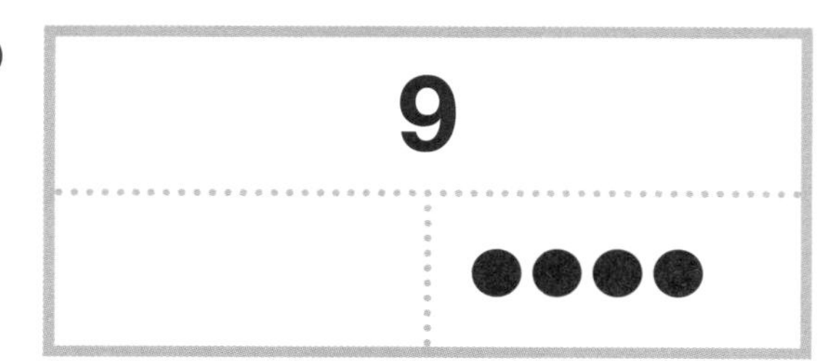

⑩
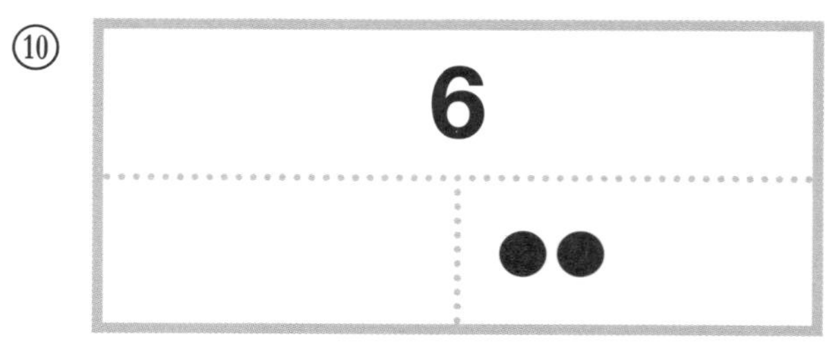

3 DAY A

가르기 규칙 찾기

주어진 숫자를 잘 보고 알맞게 막대를 그려 봐.
막대를 이용하면 자연스럽게 가르기를 할 수 있거든.

가르기 된 수를 보고 ● 사이에 막대를 그리고 빈칸에 알맞은 수를 쓰세요.

예시
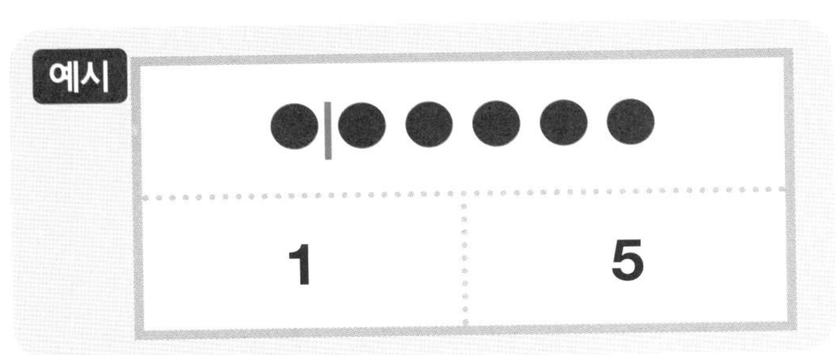

①
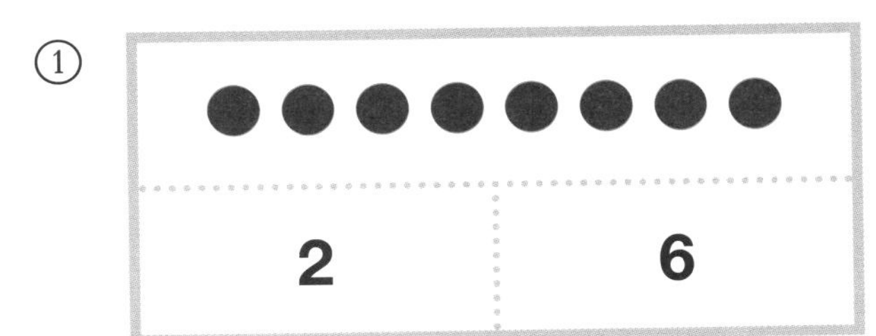

②
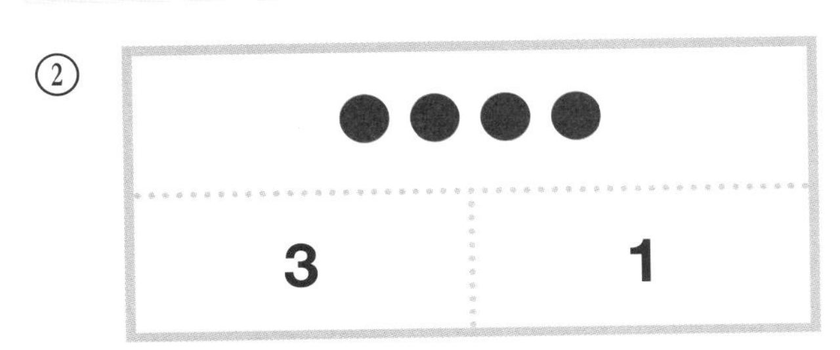

③
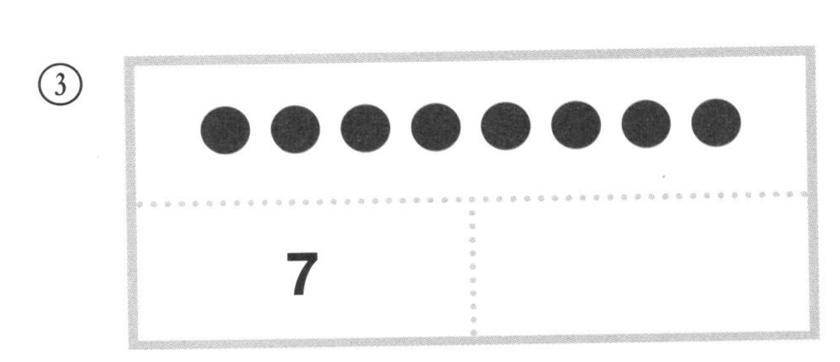

④
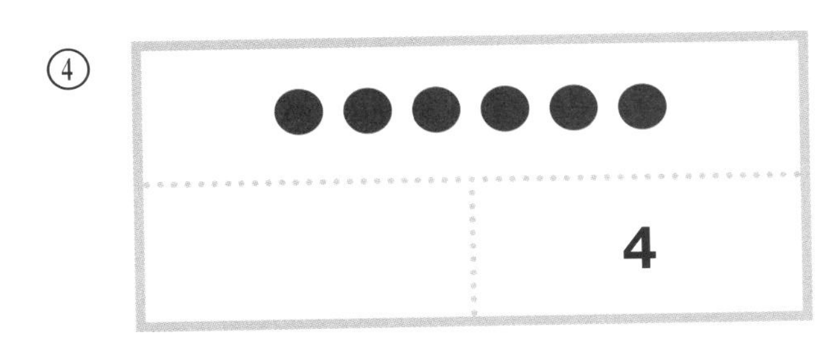

⑤
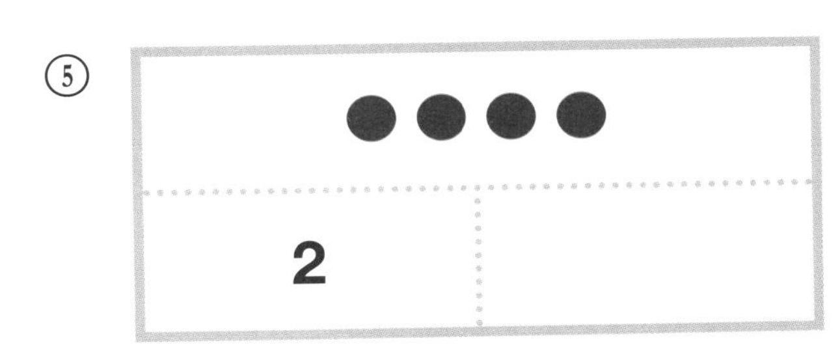

⑥
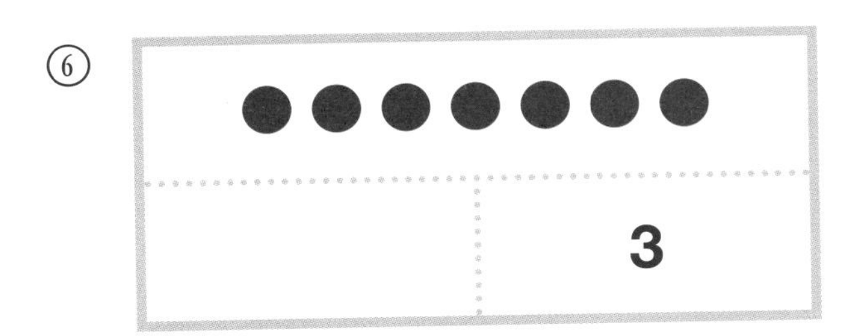

⑦
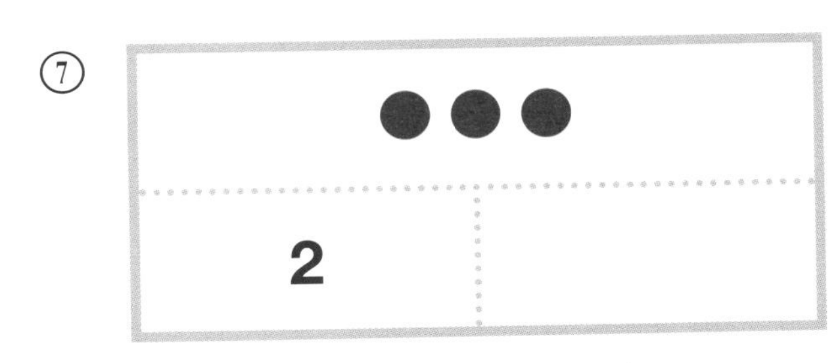

⑧
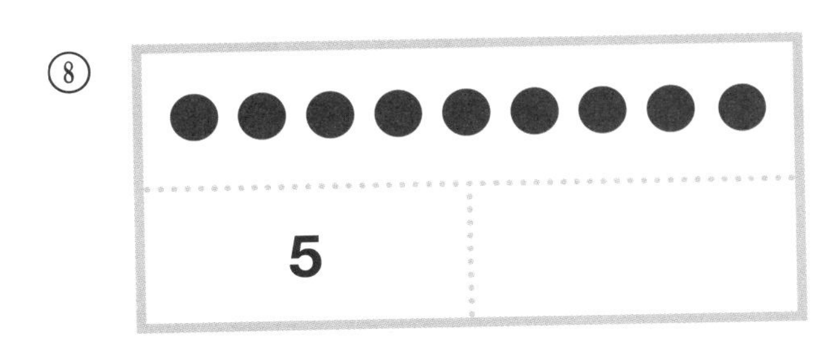

⑨
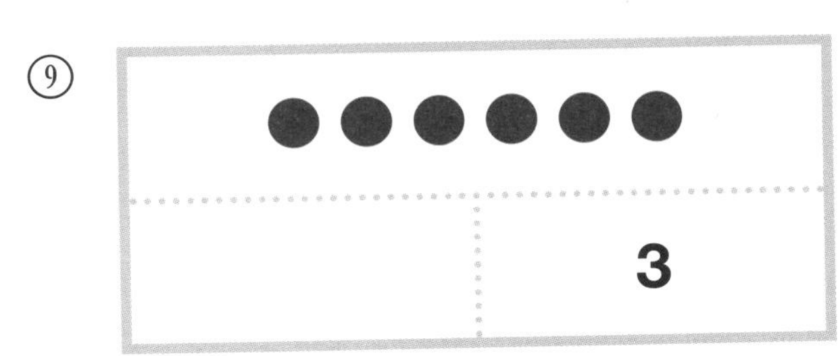

3 DAY B

가르기 규칙 찾기

가르기 된 수를 보고 ● 사이에 막대를 그리고 빈칸에 알맞은 수를 쓰세요.

①
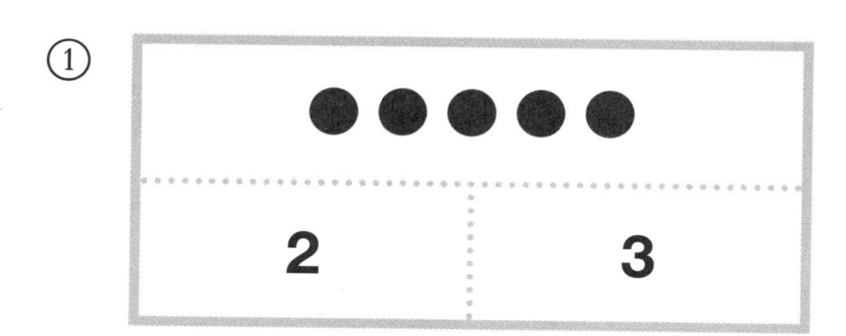

①
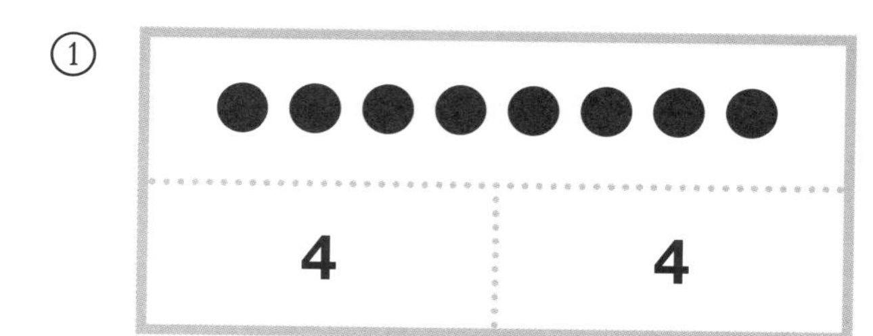

②
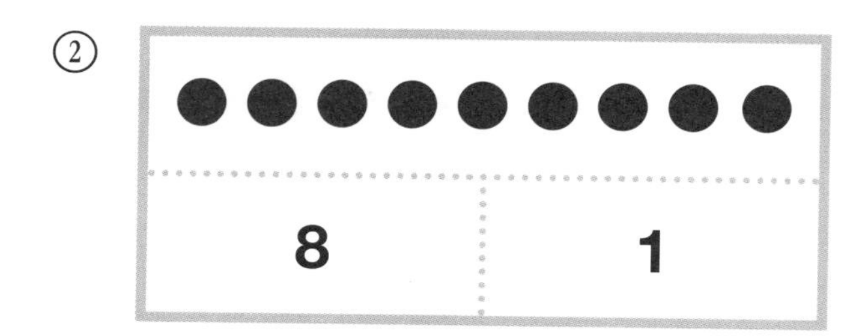

③
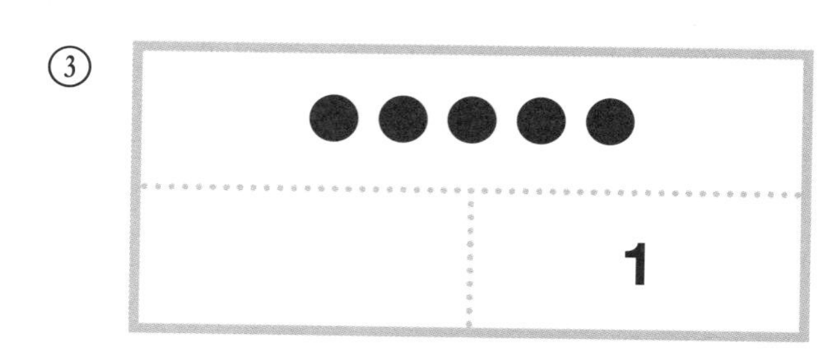

④
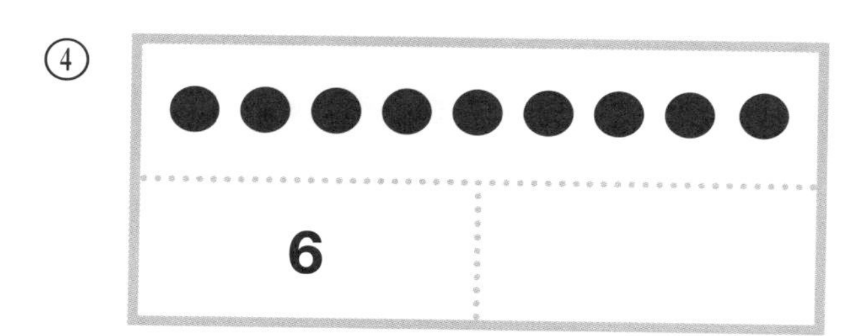

⑤
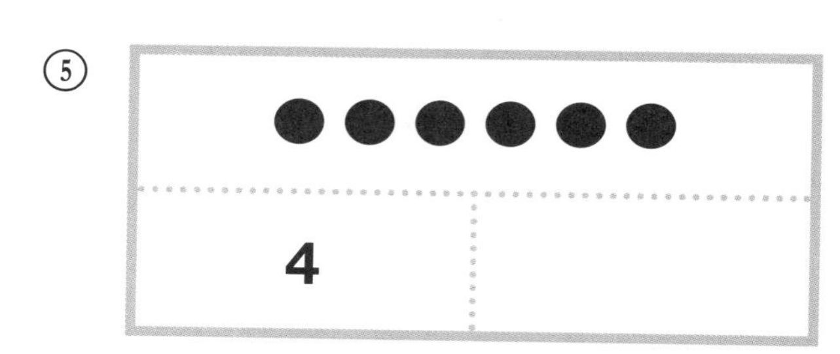

⑥
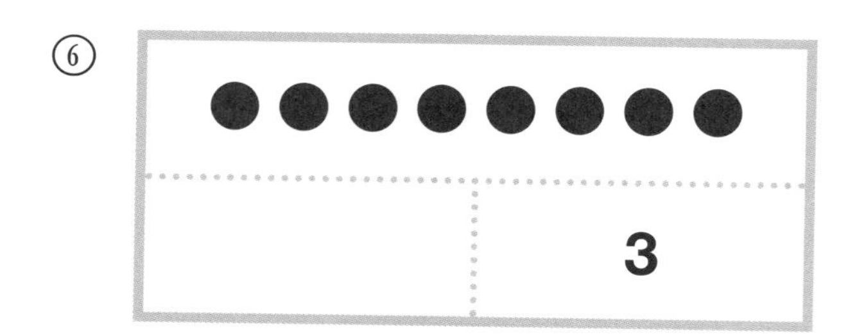

⑦
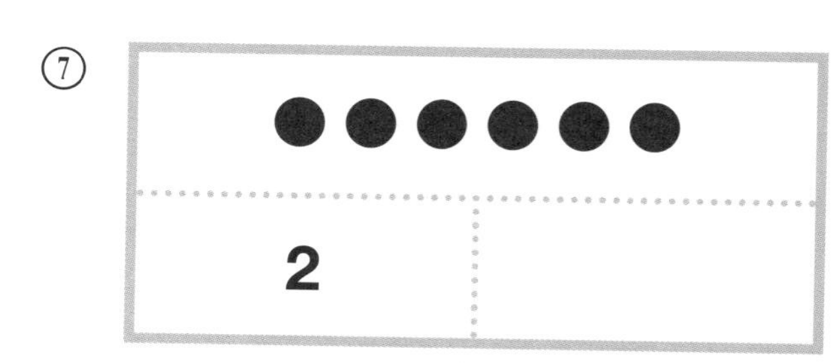

⑧
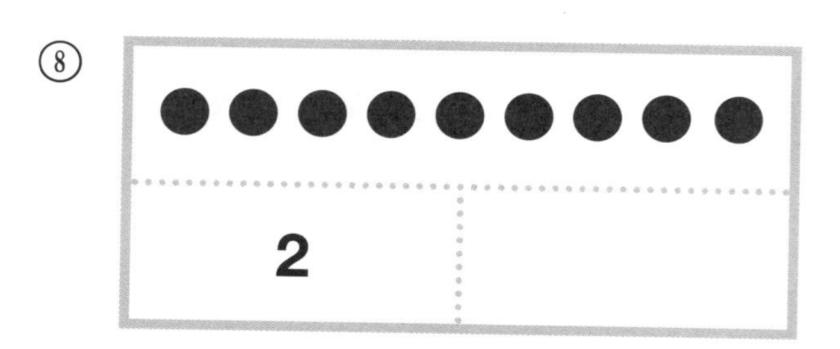

⑨
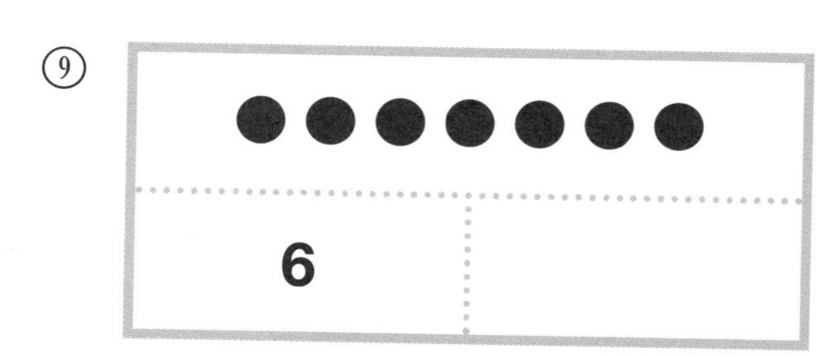

4 DAY A

1~9 모으기와 가르기

수를 모으고 가르기 할 때는
주어진 수를 동그라미로 나타내고 계산하면 좋아.

빈칸을 채우세요.

예시

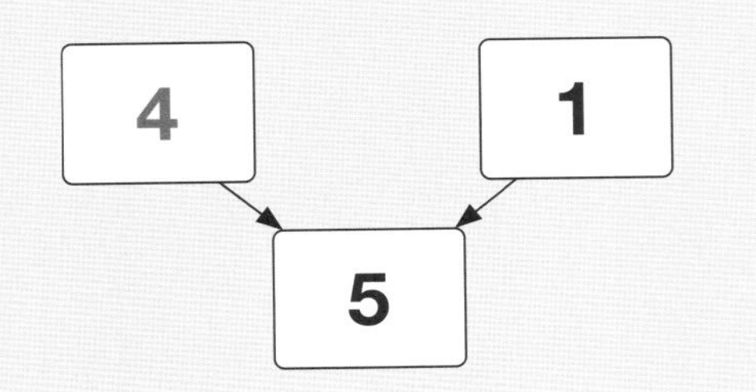

①

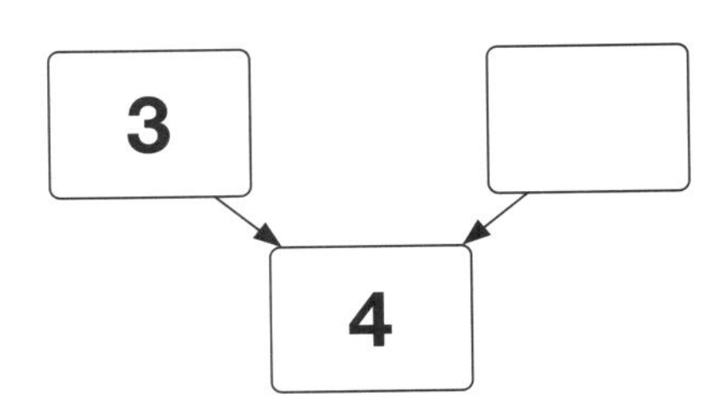

②

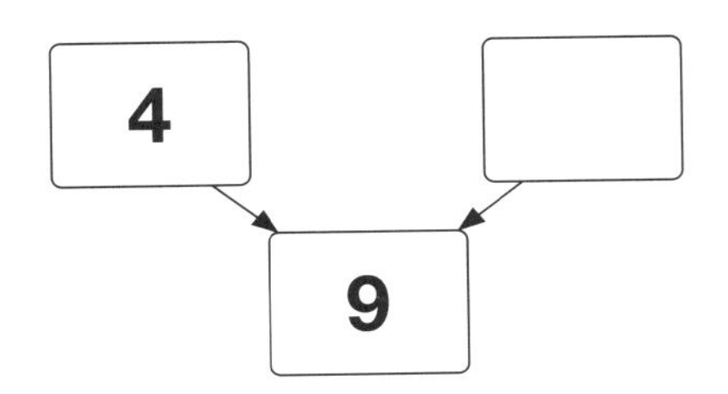

③

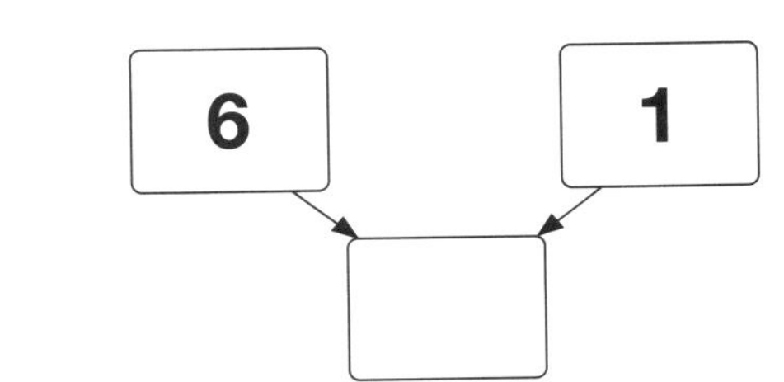

④

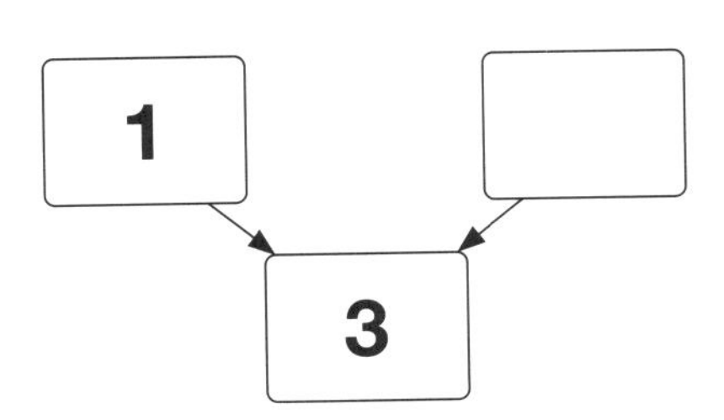

⑤

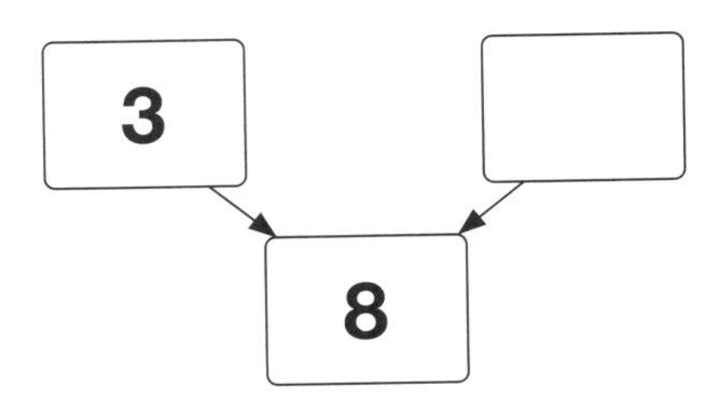

⑥

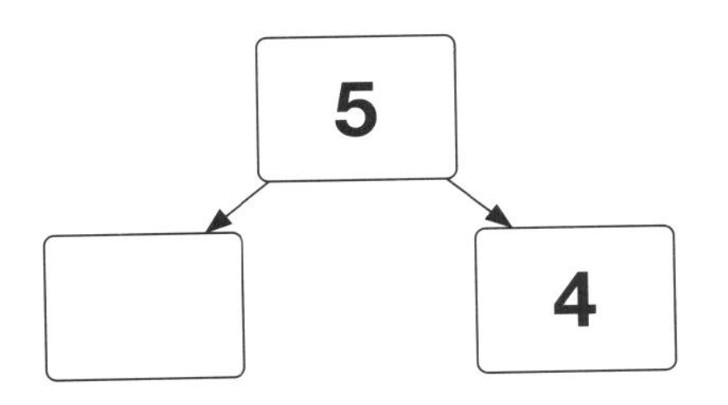

⑦

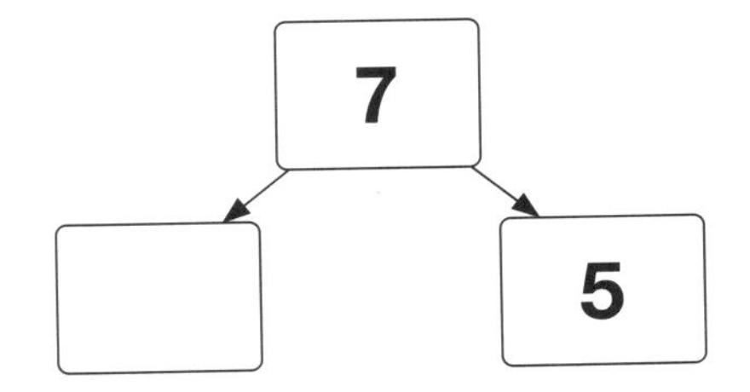

4 DAY B

1~9 모으기와 가르기

빈칸을 채우세요.

①

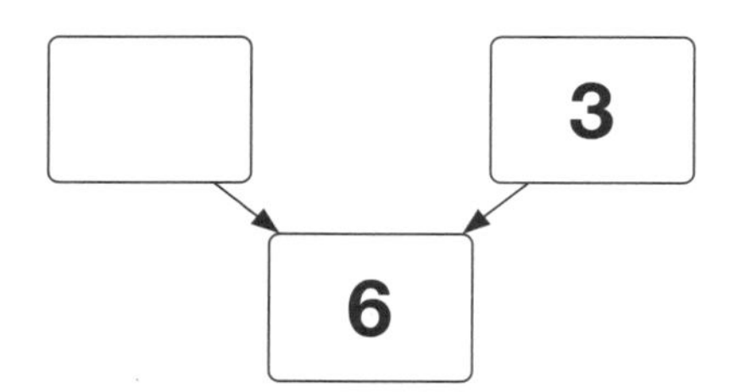

②

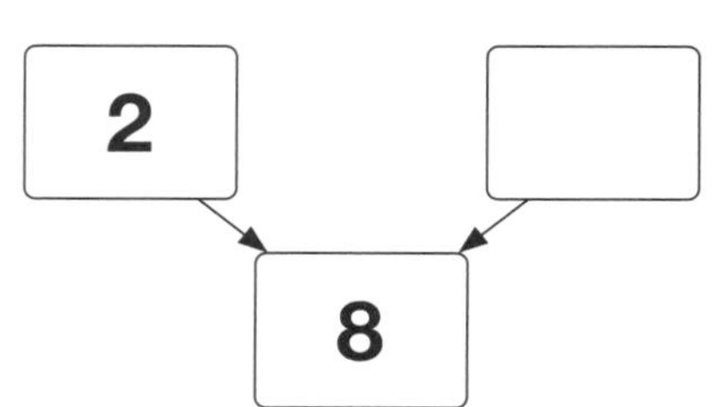

③

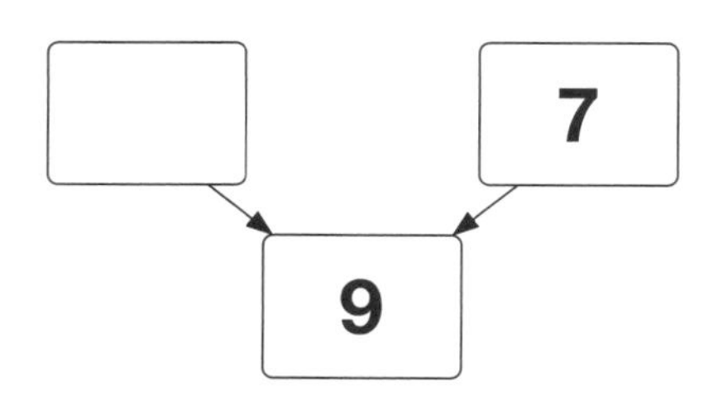

④

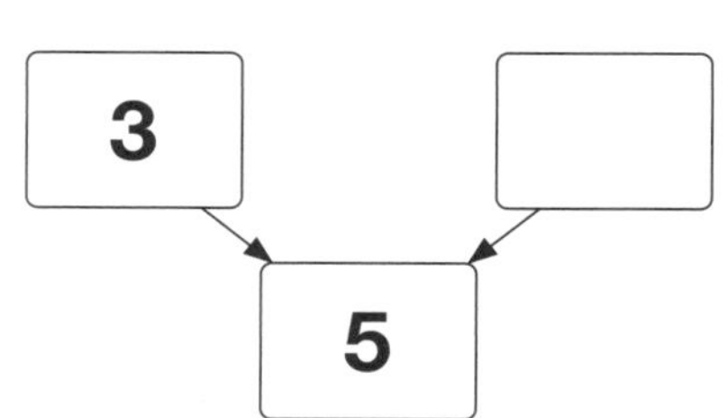

⑤

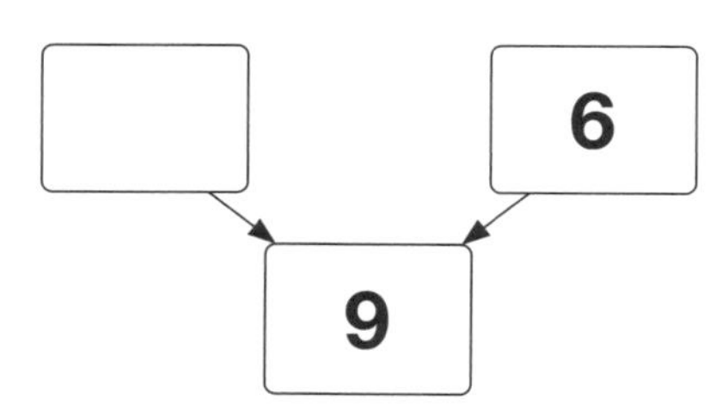

⑥

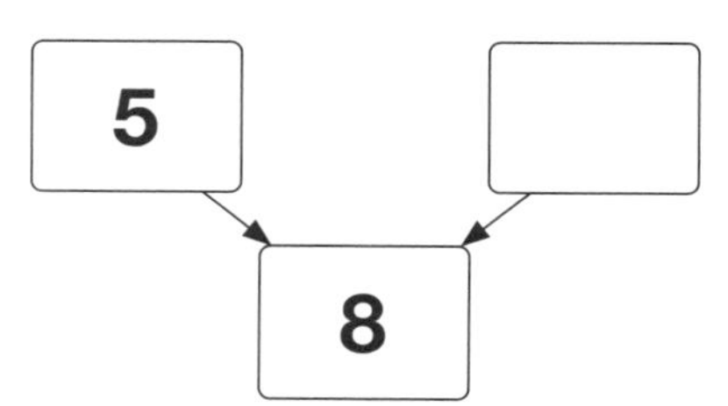

⑦

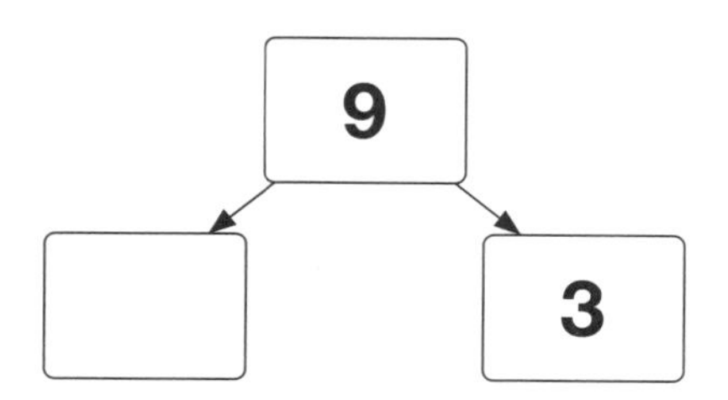

⑧

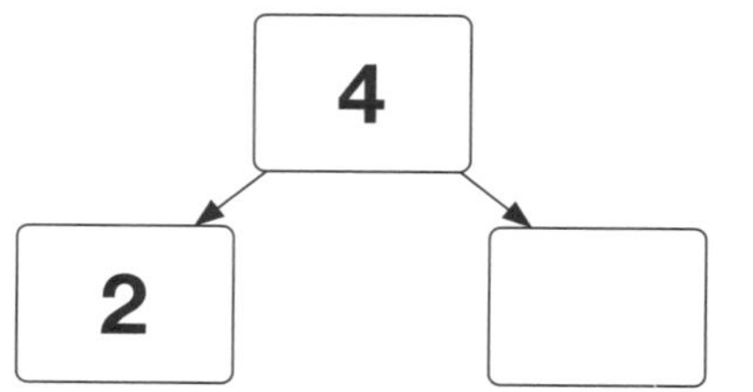

5 DAY A

막대로 가르기와 모으기

수를 가르는 방법은 여러 가지가 있어.
계산하면서 규칙을 찾아보는 건 어떨까?

● 사이에 막대를 그리고 빈칸에 알맞은 수를 써넣으세요.

예시 4를 가르기 해 보세요.

4	4	
●│●●●	1	3
●●│●●	2	2
●●●│●	3	1

9	9	
●│●●●●●●●●	1	
●●●●●●●●●		
●●●●●●●●●		
●●●●│●●●●●	4	
●●●●●●●●●		
●●●●●●●●●		
●●●●●●●●●		
●●●●●●●●│●	8	

막대로 가르기와 모으기

빈칸에 동그라미를 그리고 알맞은 수를 써넣으세요.

① 6을 가르기 해 보세요.

6	6	
●●●●●		1
●●●●	4	
●●●		
●●	2	
●	1	

② 9를 가르기 해 보세요.

9	9	
●●●●●●●●		
●●●●●●●	7	
●●●●●●		
●●●●●		4
●●●●		
●●●	3	
●●		
●	1	

석이와 준이 형아가 들고 있는 숫자를 보고 막대를 그려서 가르기 하세요.

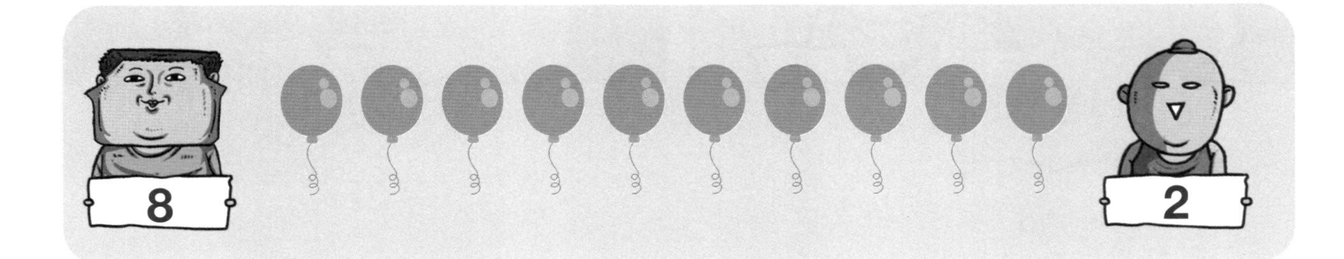

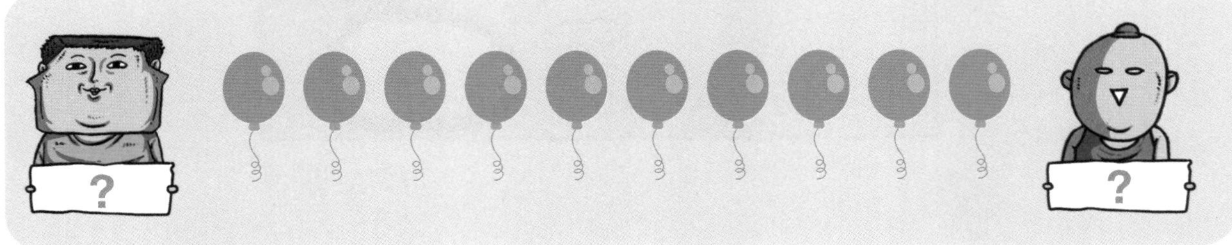

02. 딱지치기만큼은 내가 1등!

그래서,
딱지 이제 몇 개나 가지고 있어?

원래 가지고 있던 딱지가 5개지?
새로 딴 것이 3개고?
어, 맞아.

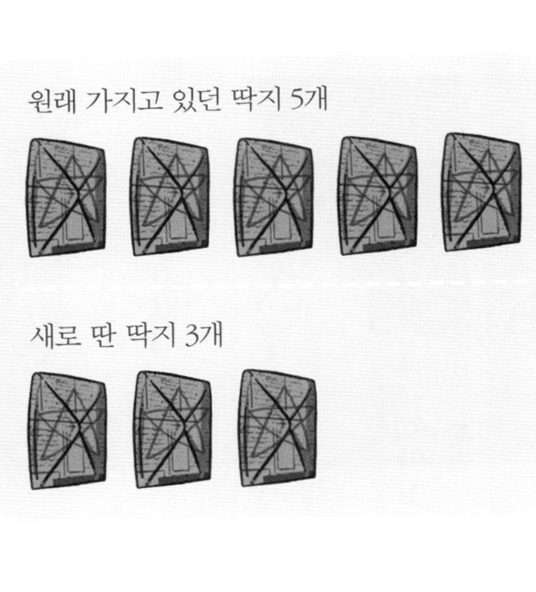
원래 가지고 있던 딱지 5개
새로 딴 딱지 3개

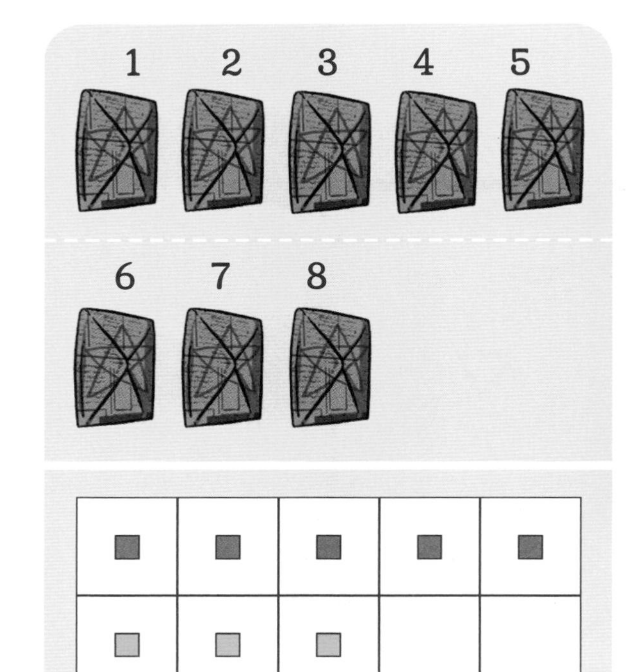

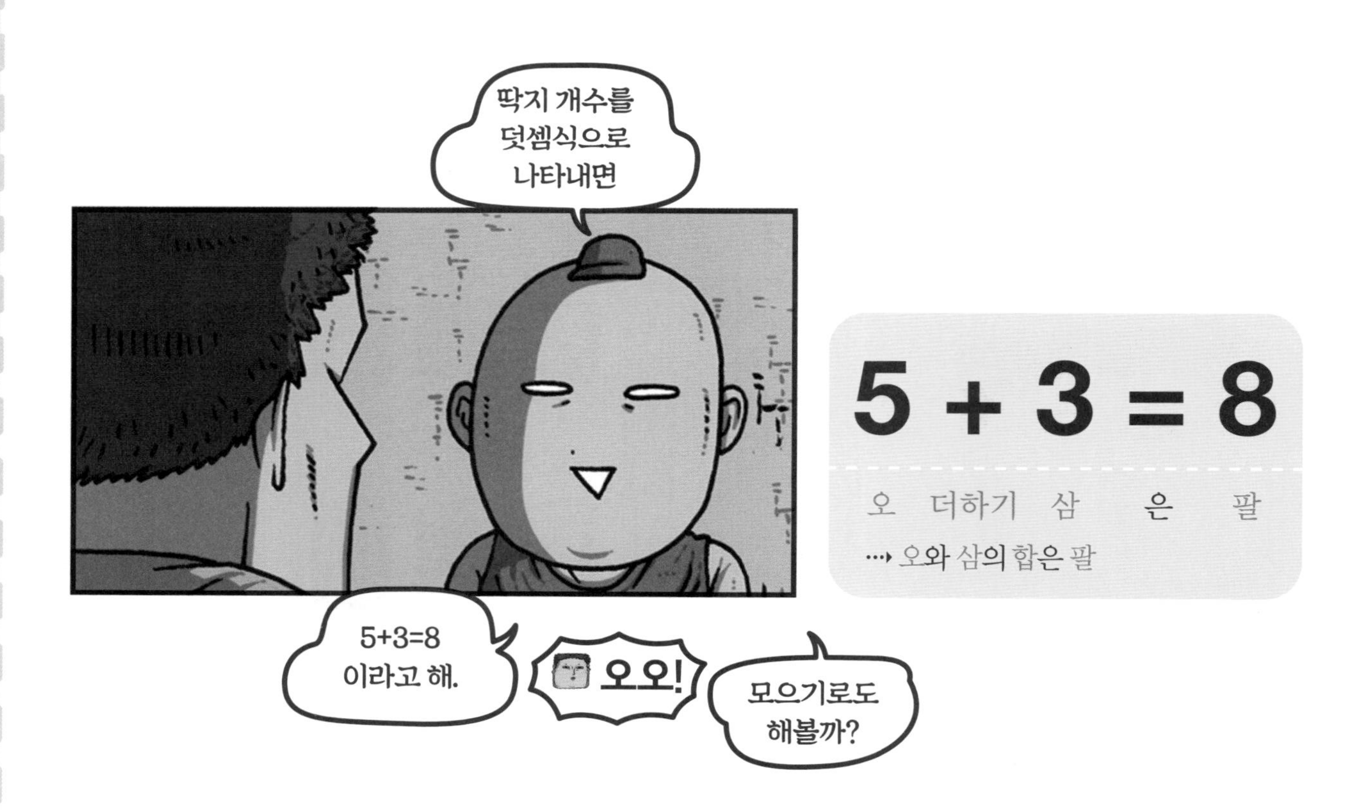

$$5 + 3 = 8$$

오 더하기 삼 은 팔

⋯› 오와 삼의 합은 팔

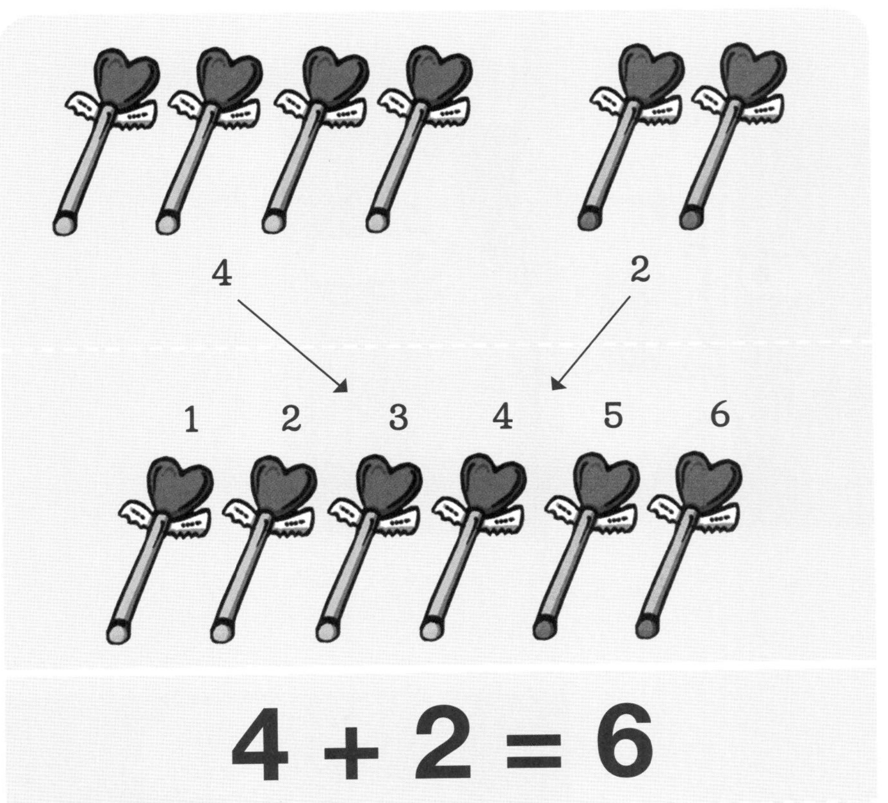
4
2
1 2 3 4 5 6
4 + 2 = 6
사 더하기 이 는 육
⋯› 사와 이의 합은 육

내 방에 있는 요술봉 4개와
네 방에 있는 요술봉 2개를 모으면
방에 요술봉이 있었다니!
4+2=6 이 되지!

3초 만에 실패

마음의 꿀팁

덧셈을 하는 방법은 아주 많아.
모으기, 수직선 그리기, 세어보기 등이 있으니까
하나씩 공부하고 문제를 풀 때 활용해 보자.

1 DAY **A**

그림을 보고 덧셈하기

덧셈을 계산할 때 주어진 그림을 잘 보고 계산해 봐. 하나하나씩 셀 수도 있고 모으기를 생각해서 계산할 수도 있어.

다음 덧셈식을 계산해요.

예시 3 + 4 = 7

① 5 + 1 =

② 1 + 3 =

③ 7 + 2 =

④ 3 + 1 =

⑤ 8 + 1 =

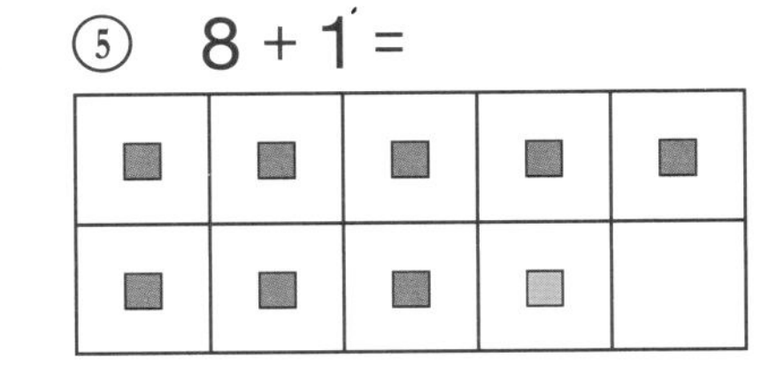

⑥ 4 + 4 =

⑦ 2 + 3 =

⑧ 1 + 1 =

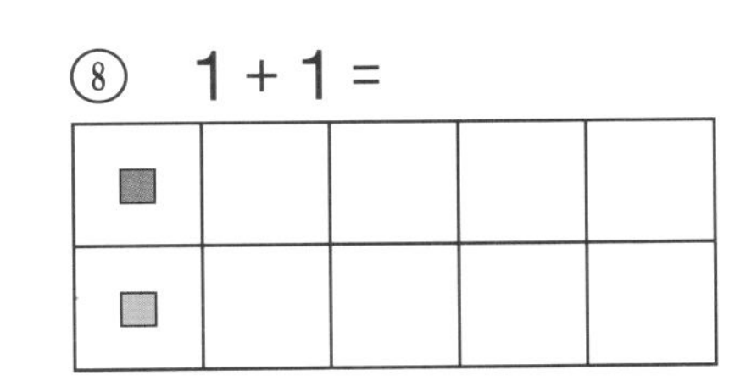

⑨ 1 + 2 =

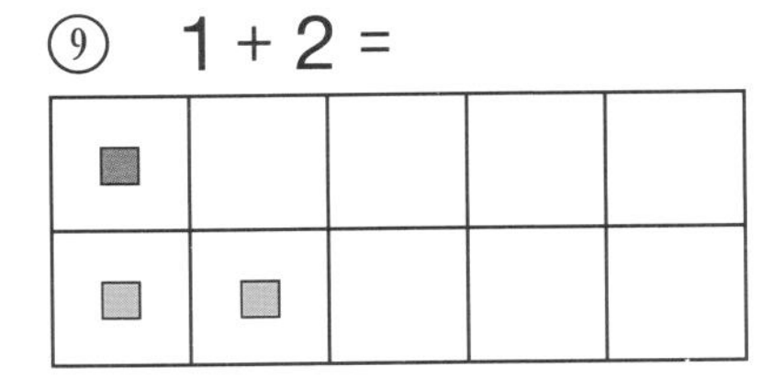

⑩ 6 + 3 =

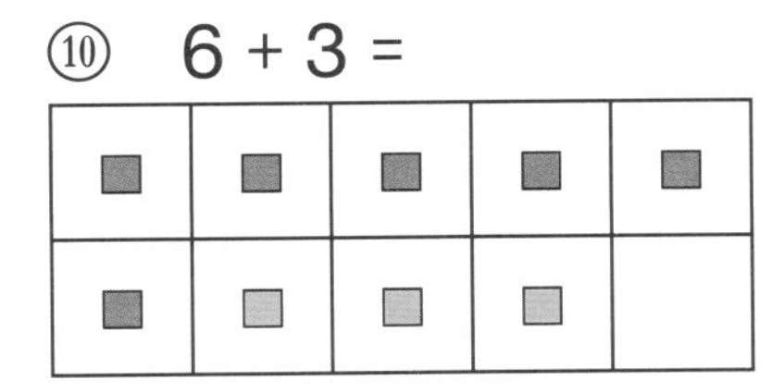

⑪ 7 + 1 =

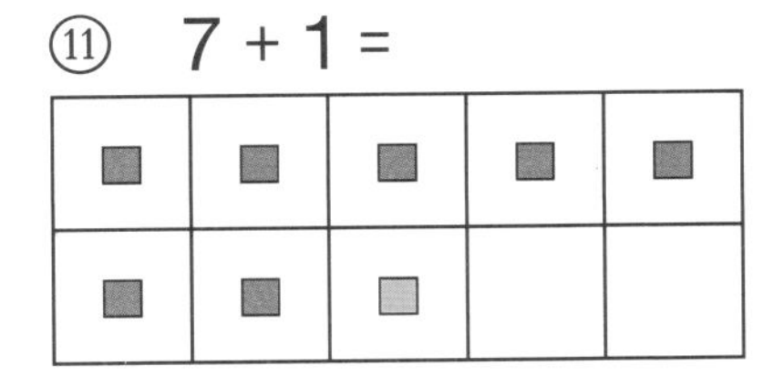

⑫ 5 + 4 =

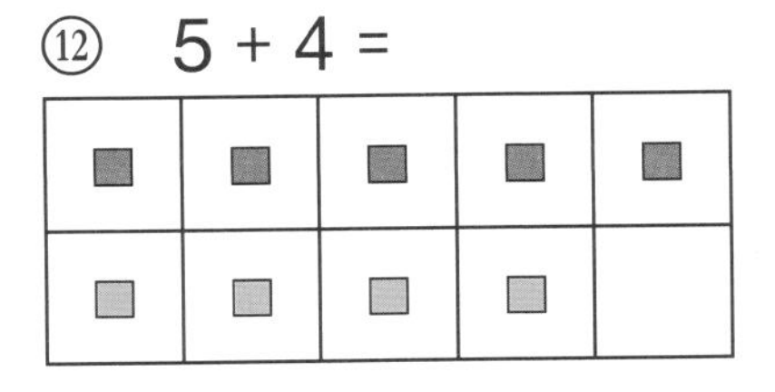

⑬ 3 + 3 =

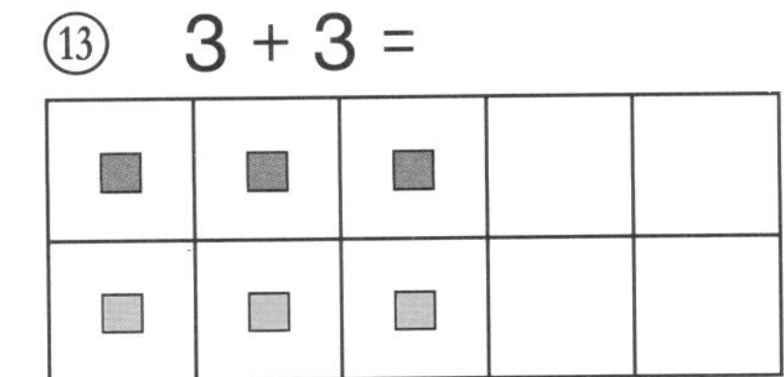

⑭ 2 + 4 =

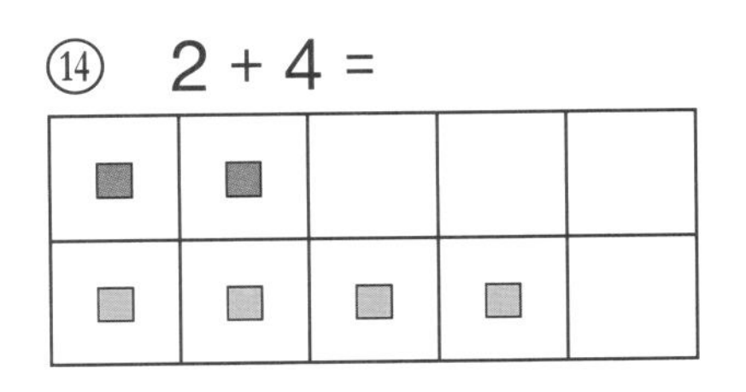

1 DAY B

그림을 보고 덧셈하기

다음 덧셈식을 계산해요.

① 3 + 2 =

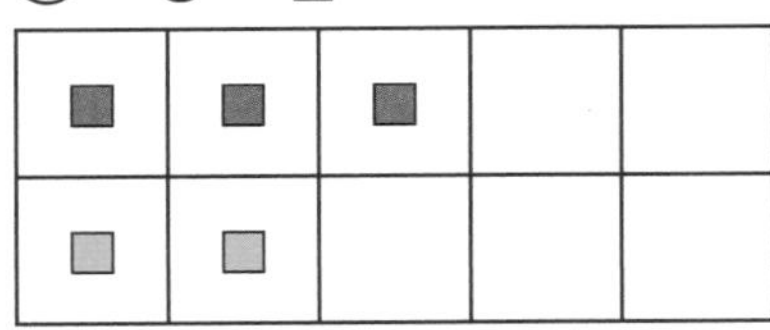

② 1 + 8 =

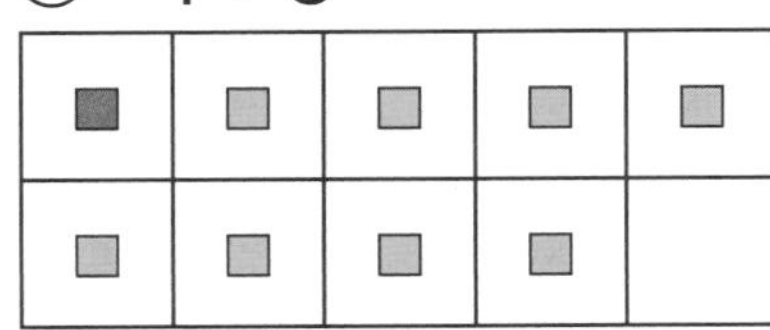

③ 5 + 0 =

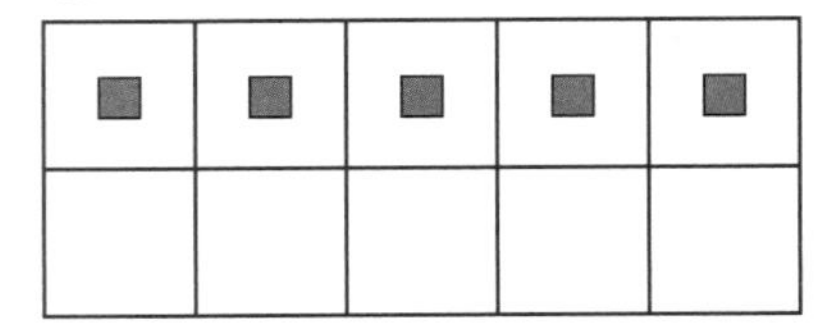

④ 3 + 5 =

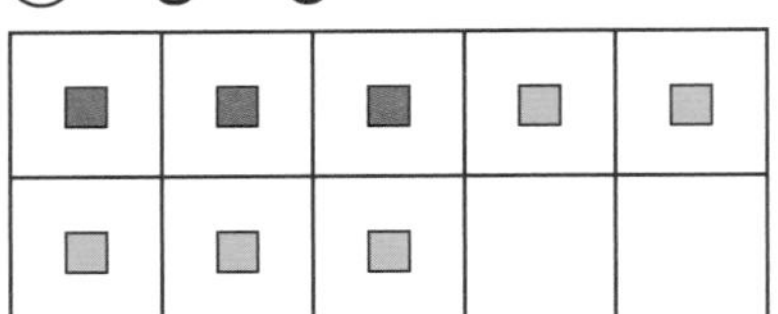

⑤ 0 + 7 =

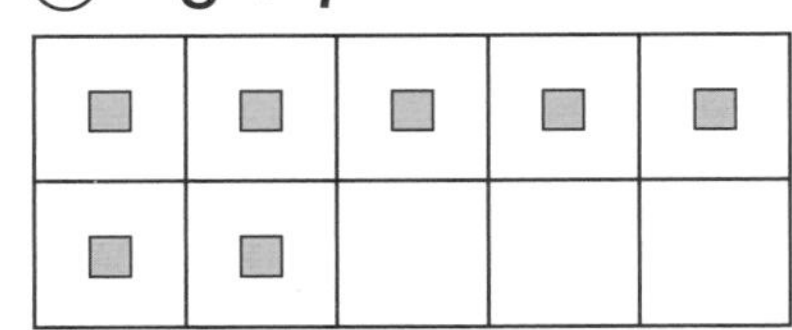

⑥ 4 + 2 =

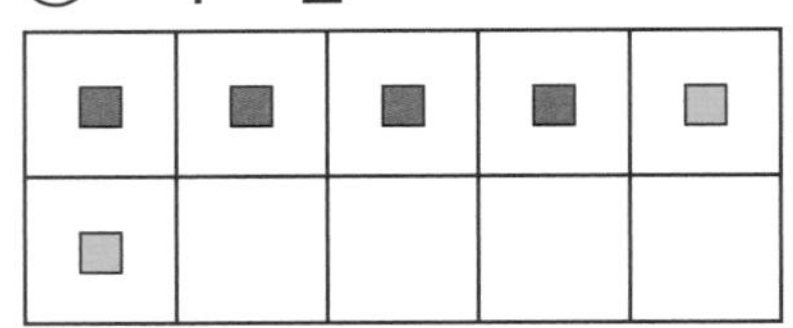

⑦ 5 + 3 =

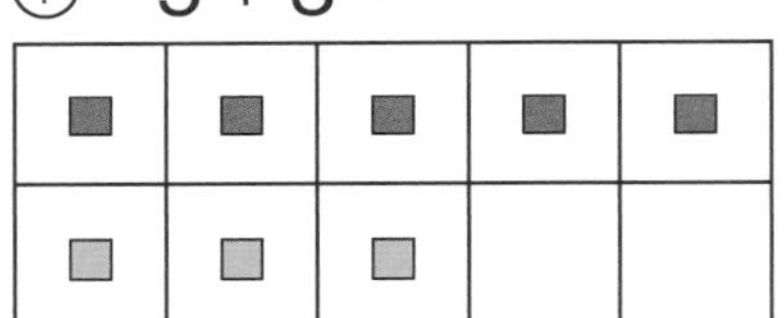

⑧ 2 + 6 =

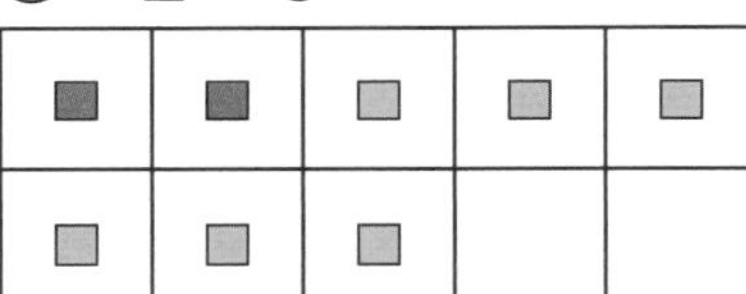

⑨ 4 + 1 =

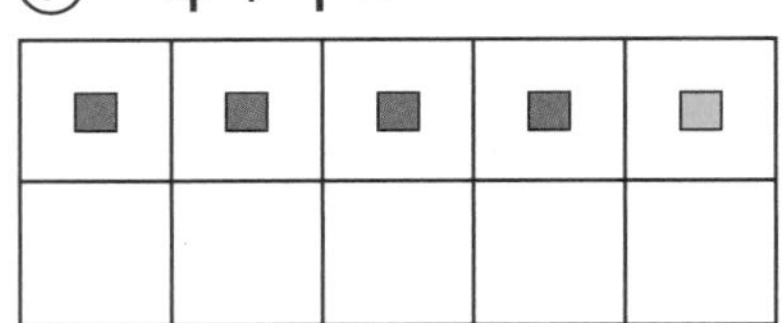

⑩ 5 + 4 =

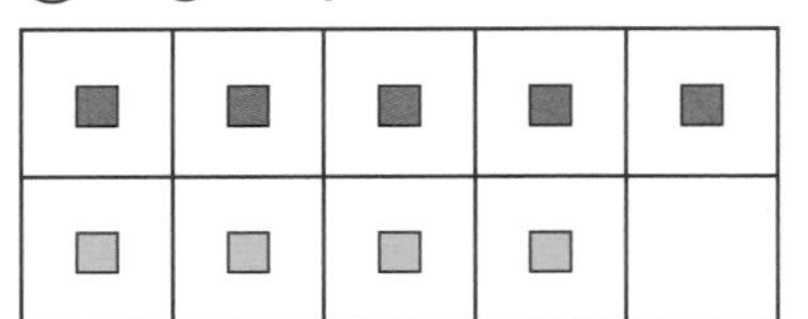

⑪ 9 + 0 =

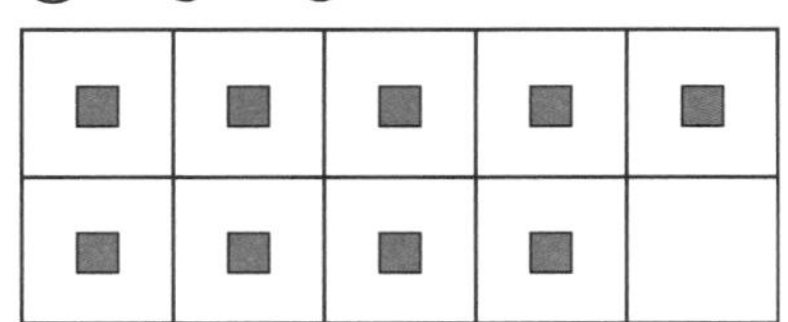

⑫ 2 + 7 =

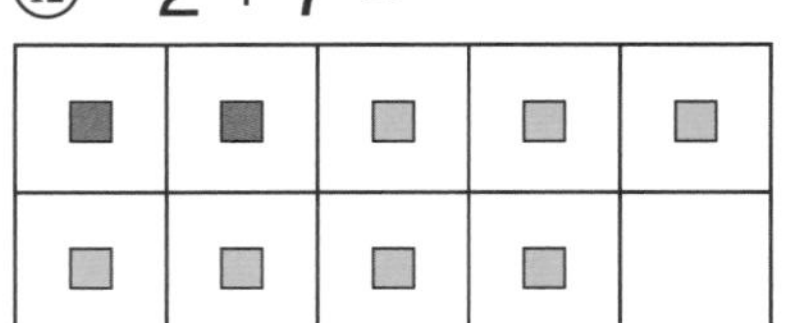

⑬ 3 + 3 =

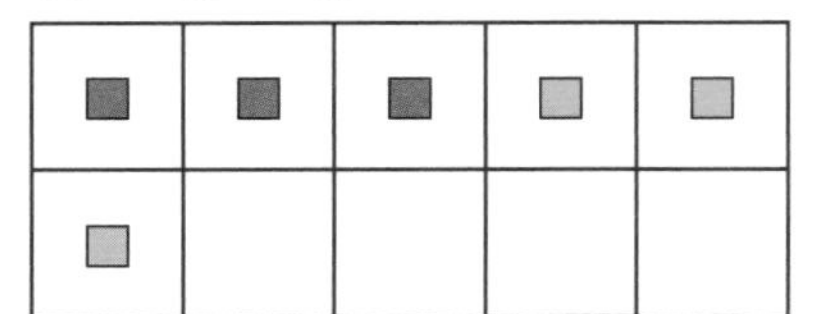

⑭ 3 + 6 =

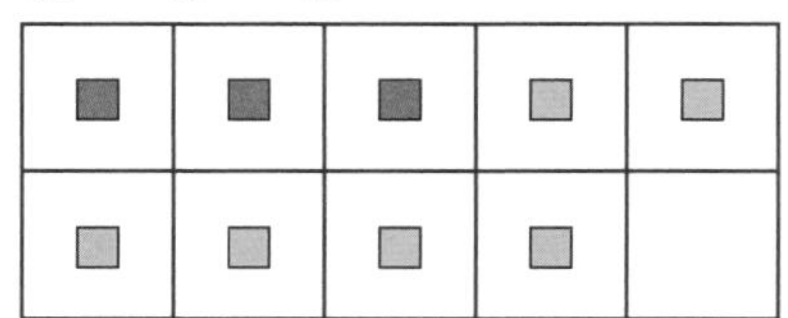

⑮ 5 + 2 =

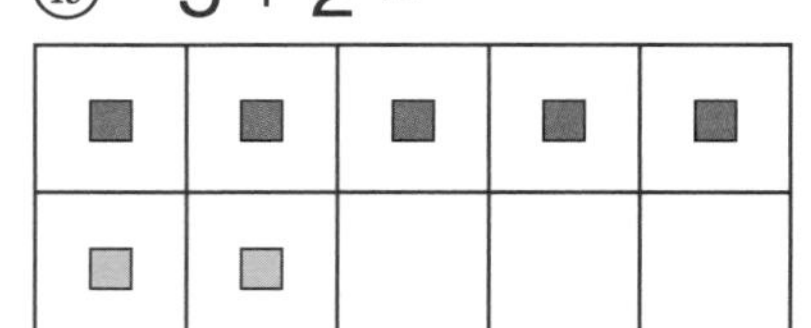

2 DAY A

그림을 그려 덧셈하기

덧셈식을 보고 표 안에 그림을 그리고
수를 세어 보자!
그림을 그리면 쉽게 이해할 수 있어!

덧셈식을 계산하고 주어진 식에 맞게 표 안에 그림을 그려 넣으세요.

① $2 + 7 =$

■	■	▲	▲	▲
▲	▲	▲	▲	

② $7 + 1 =$

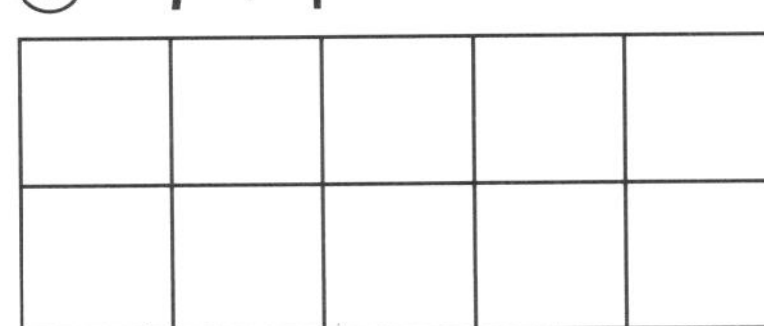

③ $5 + 3 =$

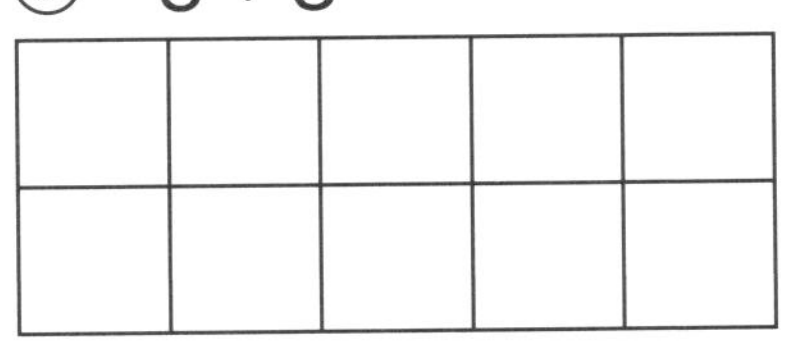

④ $6 + 1 =$

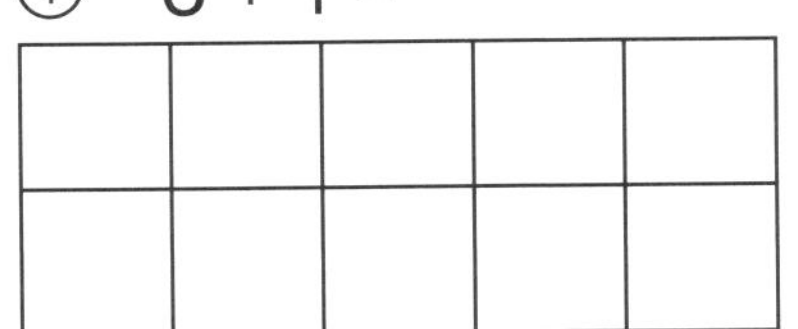

⑤ $2 + 6 =$

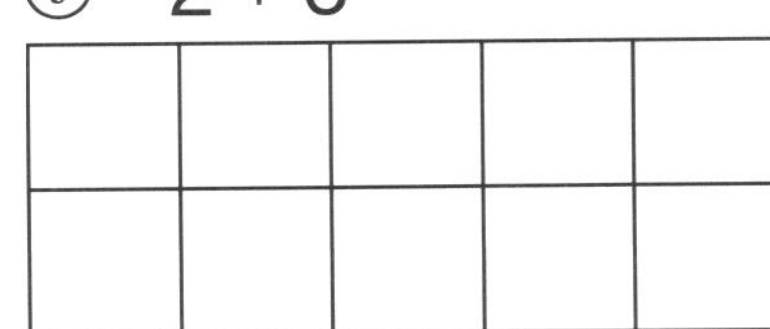

⑥ $8 + 1 =$

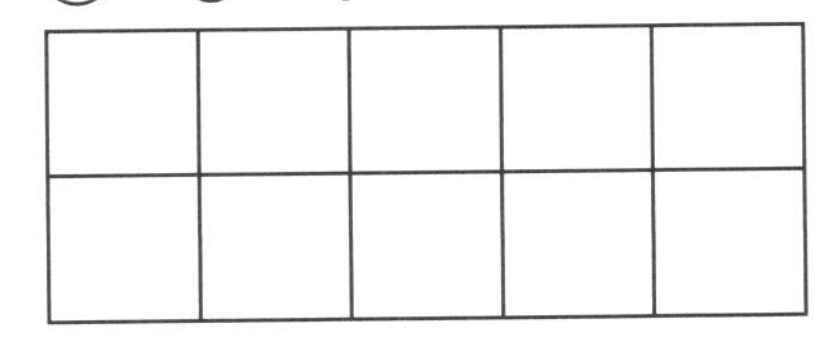

⑦ $1 + 7 =$

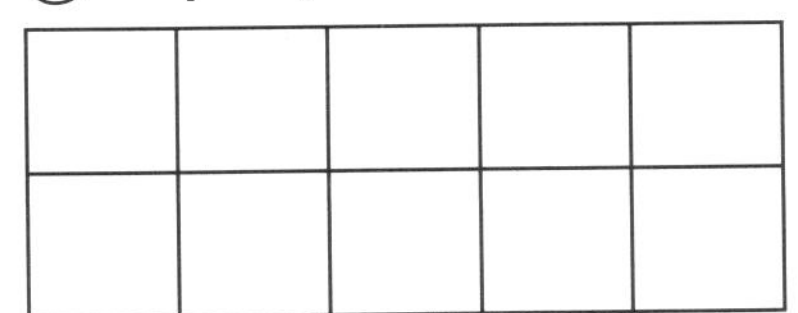

⑧ $0 + 3 =$

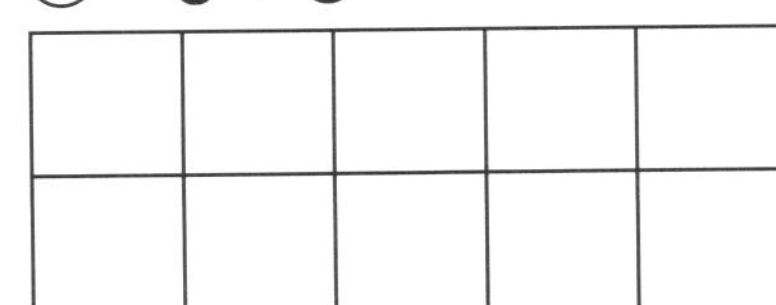

⑨ $3 + 2 =$

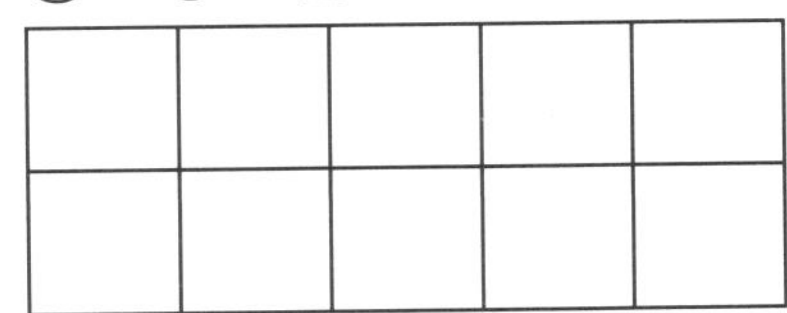

⑩ $2 + 4 =$

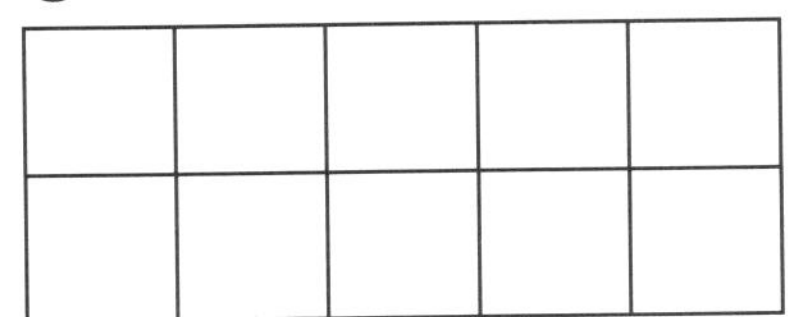

⑪ $4 + 4 =$

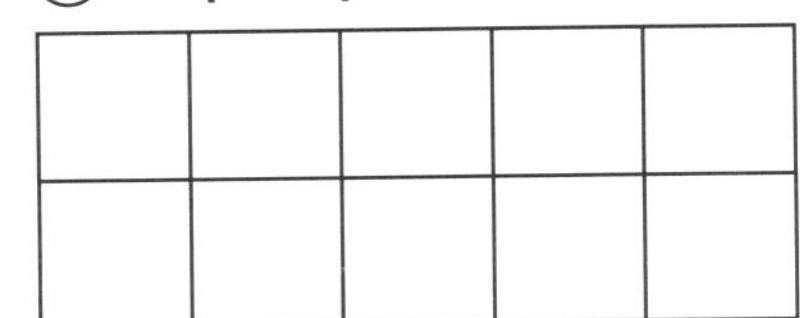

⑫ $7 + 0 =$

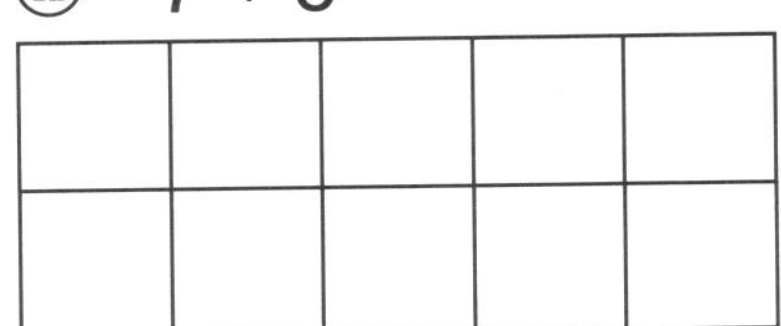

⑬ $3 + 5 =$

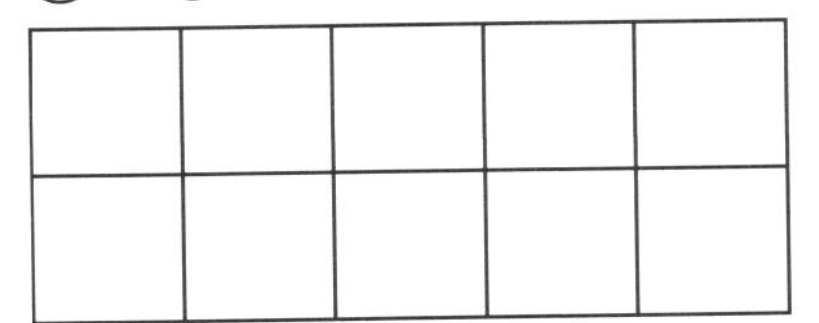

⑭ $4 + 5 =$

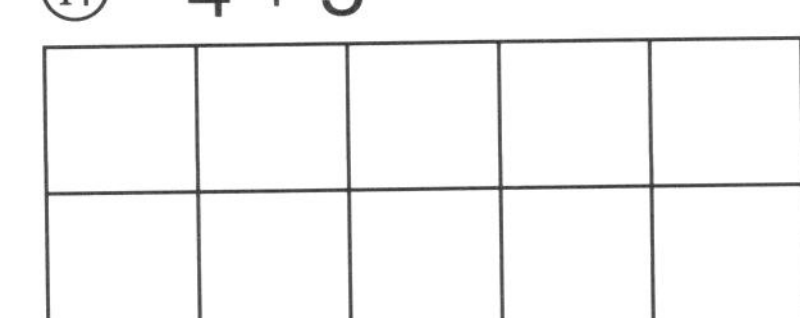

⑮ $4 + 1 =$

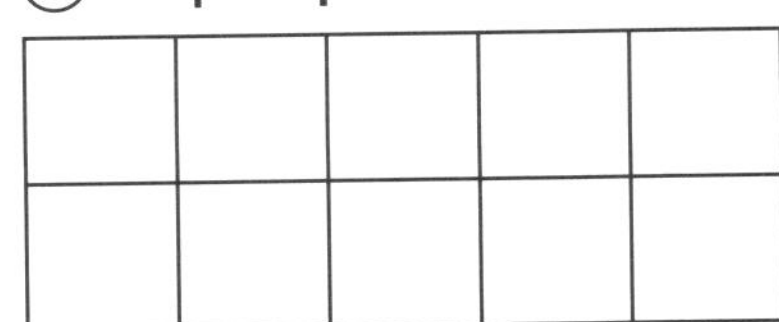

그림을 그려 덧셈하기

덧셈식을 계산하고 주어진 식에 맞게 표 안에 그림을 그려 넣으세요.

① 3 + 4 =

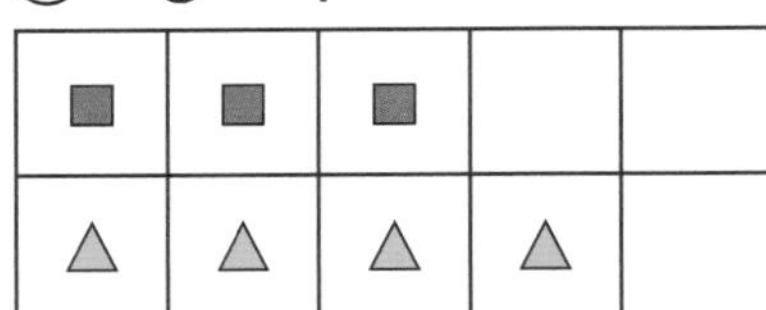

② 7 + 2 =

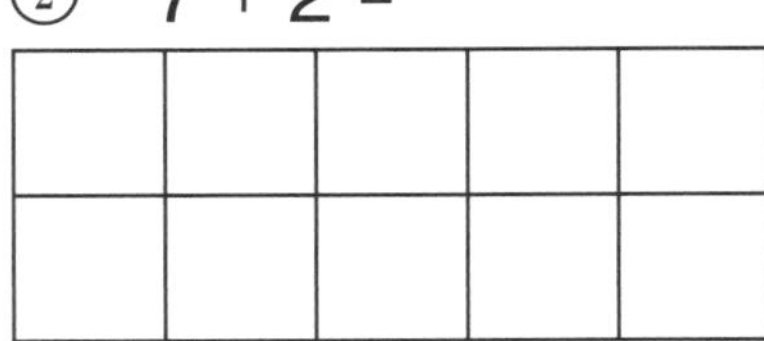

③ 1 + 2 =

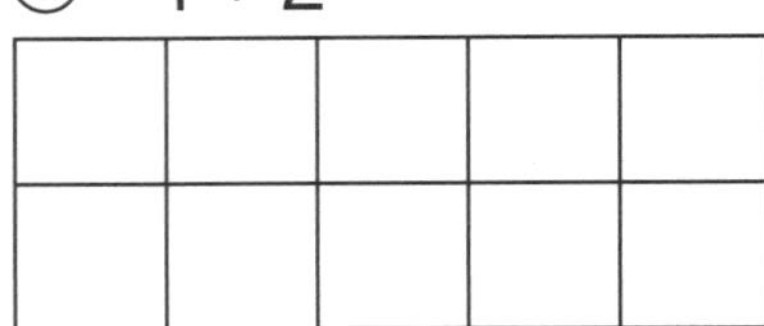

④ 3 + 3 =

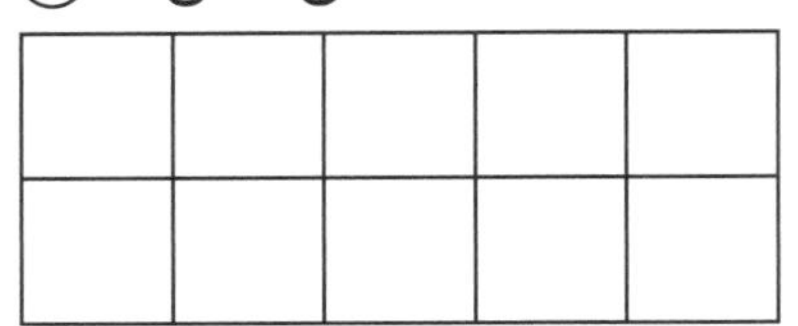

⑤ 4 + 2 =

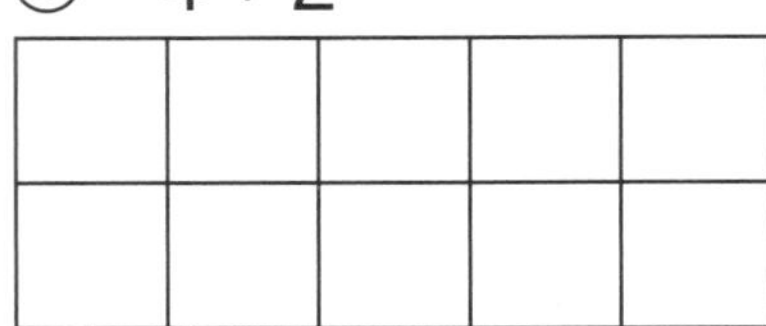

⑥ 2 + 5 =

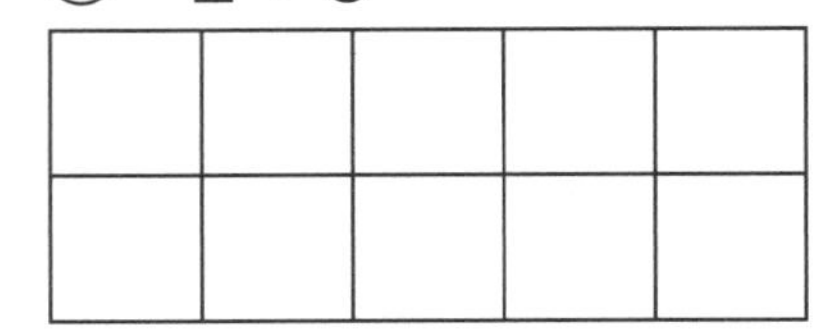

⑦ 2 + 3 =

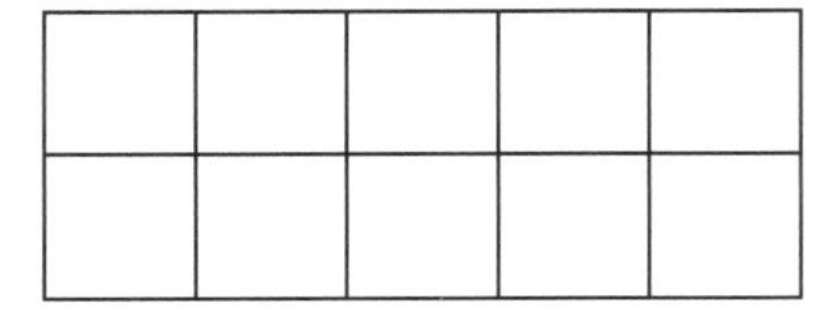

⑧ 9 + 0 =

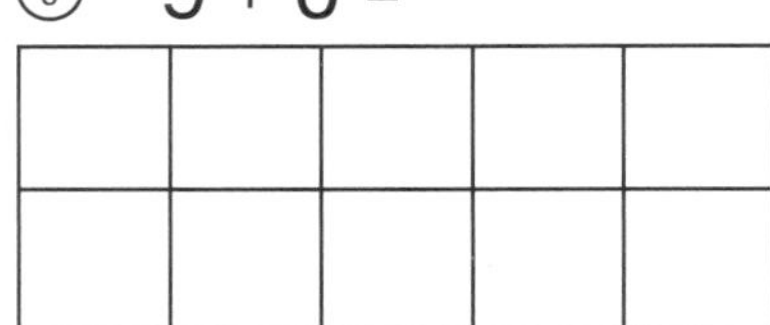

⑨ 1 + 8 =

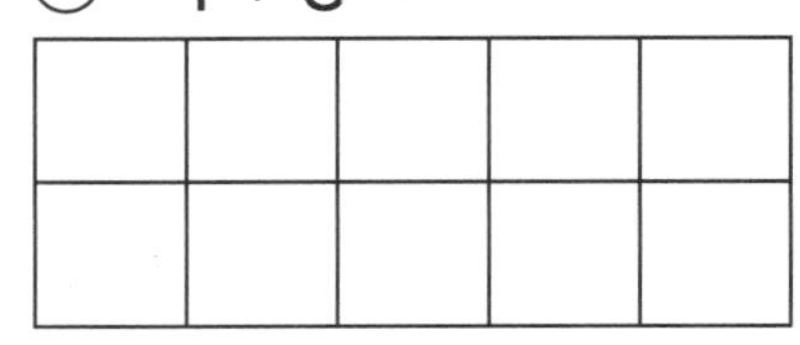

⑩ 0 + 4 =

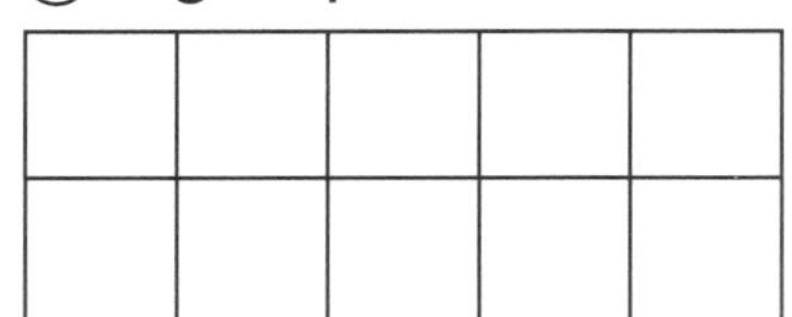

⑪ 2 + 2 =

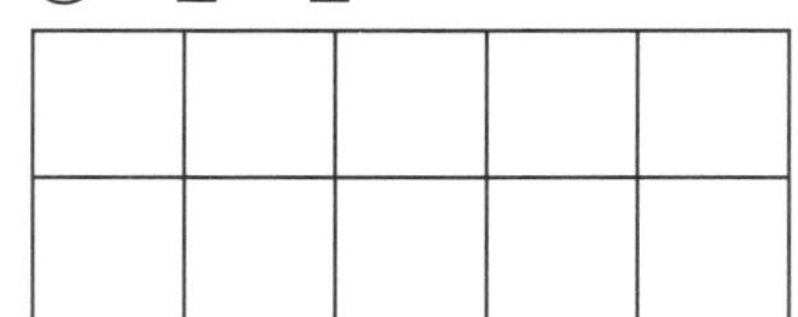

⑫ 3 + 4 =

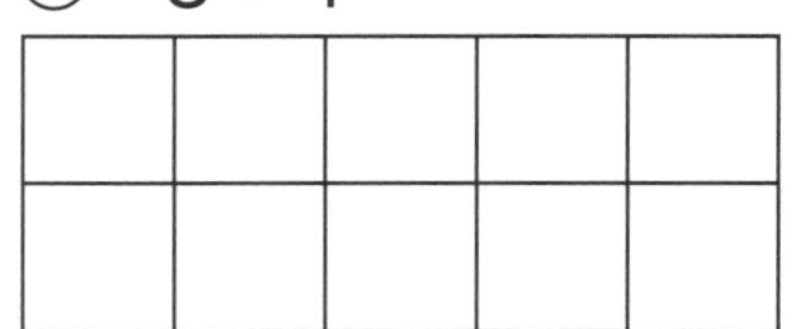

⑬ 6 + 2 =

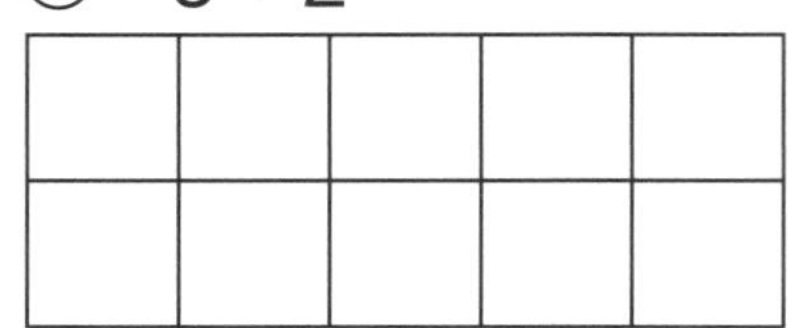

⑭ 1 + 3 =

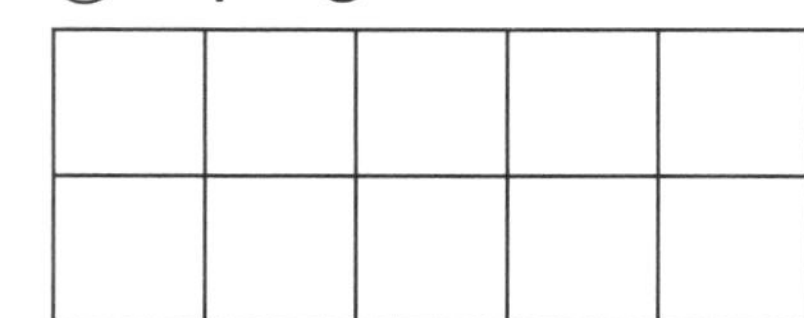

⑮ 6 + 1 =

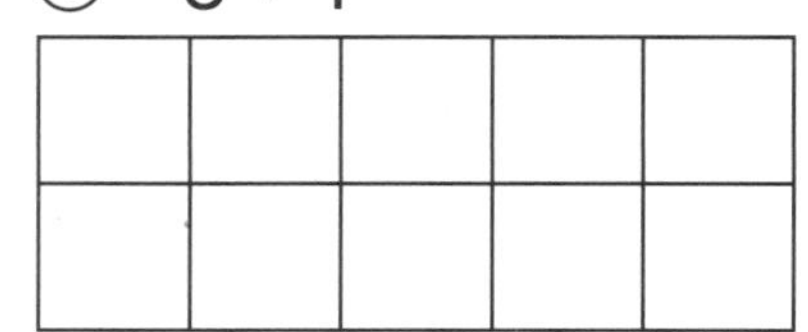

식을 만들어 덧셈하기

빈칸에 들어갈 수를 그림 속에서 찾아보자.
소리를 내서 수를 세어 보는 것은 매우 중요해.

주어진 그림을 보고 빈칸에 들어갈 수를 쓰고 계산해봅시다.

예시

3 + 4 = 7

① □ + 5 = □

② 2 + □ = □

③ □ + 2 = □

④ □ + 1 = □

⑤ □ + 1 = □

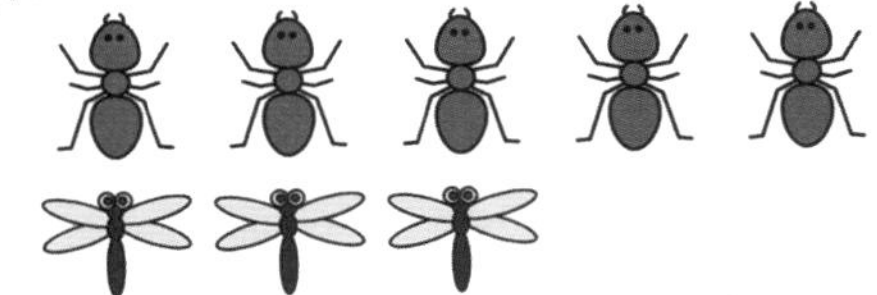

⑥ 5 + □ = □

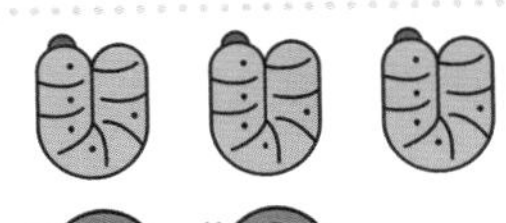

⑦ 3 + □ = □

⑧ 3 + □ = □

3 DAY B

식을 만들어 덧셈하기

주어진 그림을 보고 빈칸에 들어갈 수를 쓰고 계산해봅시다.

① □ + □ = □

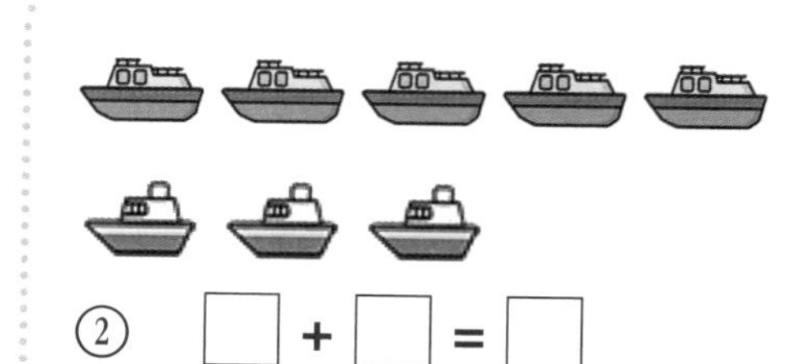

② □ + □ = □

③ □ + □ = □

④ □ + □ = □

⑤ □ + □ = □

⑥ □ + □ = □

⑦ □ + □ = □

⑧ □ + □ = □

4 DAY A 덧셈식 계산하기

덧셈을 하면서 규칙을 발견해 보자.
덧셈은 위치를 바꿔서 더해도 답은 같아!

주어진 덧셈식을 계산하시오.

예시

1 + 4 = ● + ●●●● = 5

4 + 1 = ●●●● + ● = 5

① 5 + 0 = ______
　 0 + 5 = ______

② 0 + 4 = ______
　 4 + 0 = ______

③ 5 + 3 = ______
　 3 + 5 = ______

④ 2 + 6 = ______
　 6 + 2 = ______

⑤ 7 + 2 = ______
　 2 + 7 = ______

⑥ 5 + 4 = ______
　 4 + 5 = ______

⑦ 3 + 6 = ______
　 6 + 3 = ______

⑧ 1 + 8 = ______
　 8 + 1 = ______

⑨ 1 + 2 = ______
　 2 + 1 = ______

⑩ 1 + 3 = ______
　 3 + 1 = ______

⑪ 4 + 3 = ______
　 3 + 4 = ______

⑫ 2 + 5 = ______
　 5 + 2 = ______

4 DAY B

덧셈식 계산하기

주어진 덧셈식을 계산하시오.

① $6 + 2 =$ ______
$2 + 6 =$ ______

② $9 + 0 =$ ______
$0 + 9 =$ ______

③ $5 + 2 =$ ______
$2 + 5 =$ ______

④ $1 + 6 =$ ______
$6 + 1 =$ ______

⑤ $1 + 7 =$ ______
$7 + 1 =$ ______

⑥ $4 + 2 =$ ______
$2 + 4 =$ ______

⑦ $3 + 2 =$ ______
$2 + 3 =$ ______

⑧ $4 + 5 =$ ______
$5 + 4 =$ ______

⑨ $3 + 4 =$ ______
$4 + 3 =$ ______

⑩ $5 + 1 =$ ______
$1 + 5 =$ ______

⑪ $6 + 3 =$ ______
$3 + 6 =$ ______

⑫ $2 + 7 =$ ______
$7 + 2 =$ ______

⑬ $0 + 7 =$ ______
$7 + 0 =$ ______

⑭ $4 + 1 =$ ______
$1 + 4 =$ ______

⑮ $0 + 8 =$ ______
$8 + 0 =$ ______

5 DAY A 주사위로 덧셈 연습하기

주사위 눈을 하나씩 세어도 되지만
주사위 눈을 자주 보다 보면,
너도 모르게 몇 개인지 바로 알 수 있을 거야!

주사위의 눈을 보고 빈칸에 알맞은 수를 쓰고 계산하시오.

예시 4 + 5 = 9

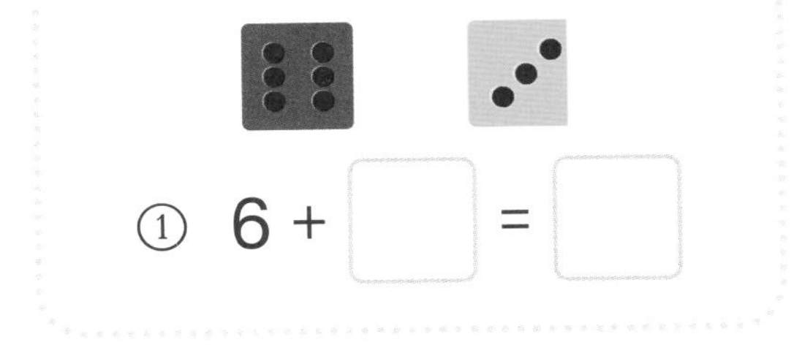

① 6 + ☐ = ☐

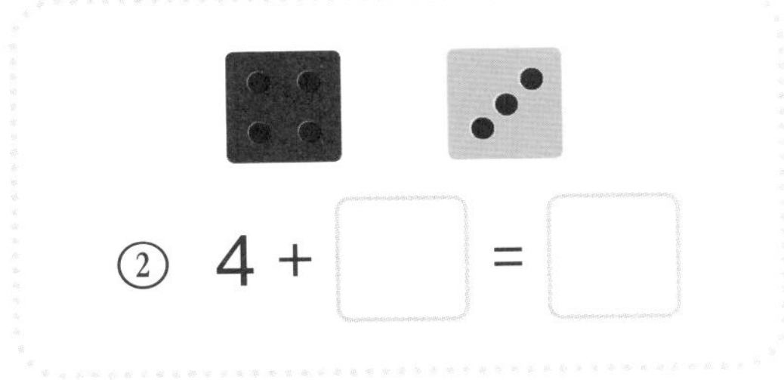

② 4 + ☐ = ☐

③ ☐ + 2 = ☐

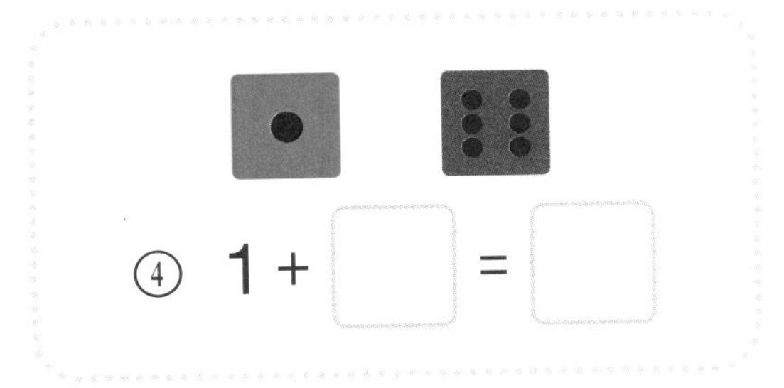

④ 1 + ☐ = ☐

⑤ 3 + ☐ = ☐

⑥ ☐ + ☐ = ☐

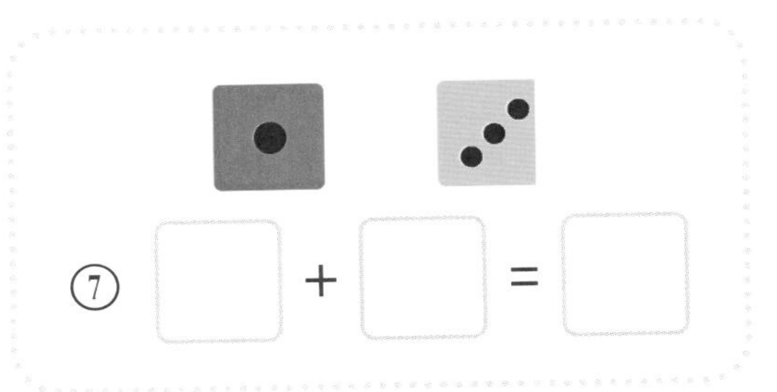

⑦ ☐ + ☐ = ☐

주사위로 덧셈 연습하기

주사위의 눈을 보고 빈칸에 알맞은 수를 쓰고 계산하시오.

① □ + 1 = □

② 5 + □ = □

③ □ + 2 = □

④ 2 + □ = □

⑤ 5 + □ = □

⑥ □ + 6 = □

⑦ □ + □ = □

⑧ □ + □ = □

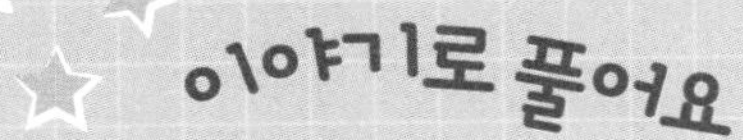

석아, 아빠가 낸 덧셈 문제를 계산하면 비밀번호를 알 수 있단다. 난 우리 아들을 믿어.

아빠가 비밀번호를 풀어야 집 문을 열 수 있게 현관문 비밀번호를 바꾸어 버렸어요.
석이가 비밀번호를 풀고 들어갈 수 있게 도와주세요.

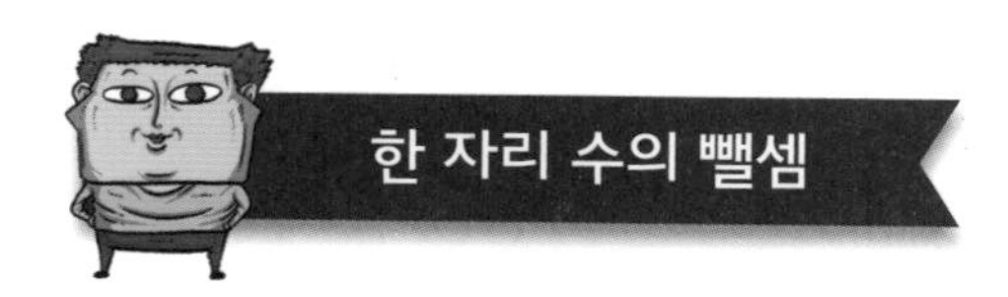

03. 붕어빵 먹기는 정말 어려워!

이미 5명이나 줄 서 있음

잠깐…
줄을 선 5명이
붕어빵을
하나씩 산다면…!
두근
두근
8 - 5 = 3
이네!
3개 남아!

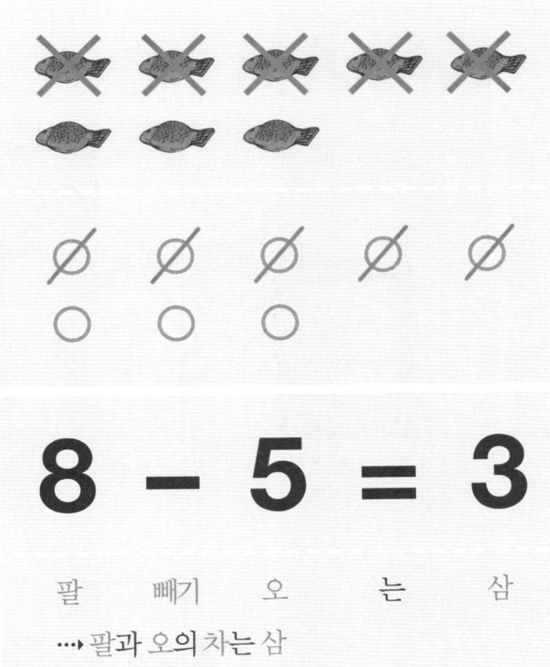
8 – 5 = 3
팔 빼기 오 는 삼
⋯› 팔과 오의 차는 삼

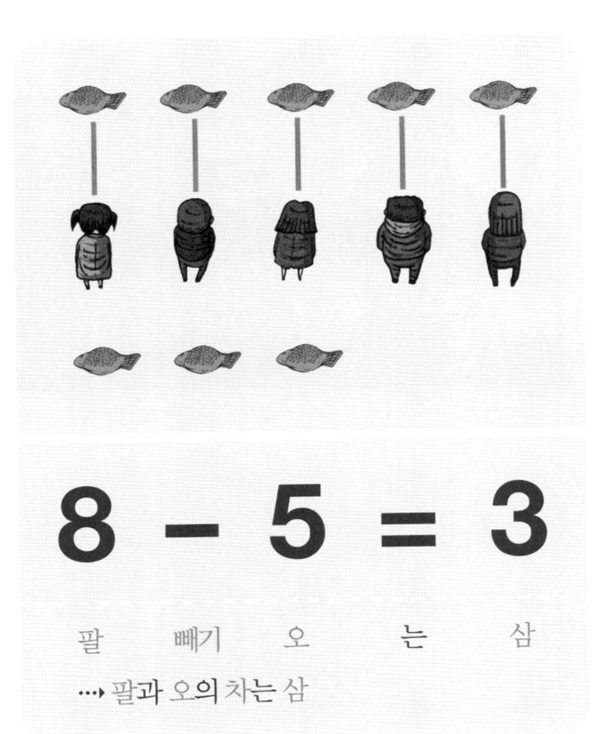
8 – 5 = 3
팔 빼기 오 는 삼
⋯› 팔과 오의 차는 삼

훗… 난 붕어빵의 수와
사람의 수를
비교해 봤지.

어라?

그때도 사 먹을 수 있었네?

우리… 왜 줄 안 서고 계속 이야기했지…?

마음의 꿀팁

8−5=3을 계산할 때 동그라미 8개와 세모 5개를 그리고, 동그라미와 세모를 각각 선으로 이어 봐. 그러면 동그라미 몇 개가 남는지 알 수 있어.

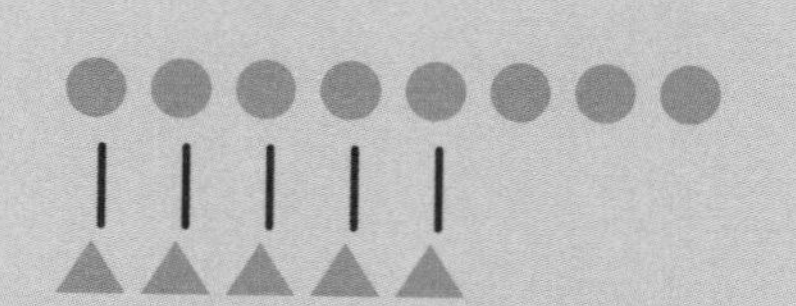

1 DAY A 막대를 그려 뺄셈하기

애들아! 우리 가르기 공부했던 거 기억나?
막대를 주어진 네모 사이에 한 번 넣어봐.
막대를 그리고 난 후 오른쪽에 있는
네모가 뺄셈 계산 결과와 같아.

그림에 | 를 그리고 뺄셈을 계산하세요.

예시 7 − 4 = 3

① 6 − 1 =

② 9 − 1 =

③ 9 − 2 =

④ 5 − 4 =

⑤ 8 − 1 =

⑥ 3 − 1 =

⑦ 7 − 3 =

⑧ 6 − 5 =

⑨ 5 − 3 =

⑩ 3 − 0 =

⑪ 4 − 2 =

⑫ 9 − 5 =

⑬ 3 − 2 =

⑭ 8 − 2 =

⑮ 8 − 1 =

⑯ 6 − 3 =

⑰ 9 − 7 =

막대를 그려 뺄셈하기

그림에 | 를 그리고 뺄셈을 계산하세요.

① $8-7=$ ____

② $9-3=$ ____

③ $7-2=$ ____

④ $5-1=$ ____

⑤ $7-7=$ ____

⑥ $4-3=$ ____

⑦ $6-4=$ ____

⑧ $9-6=$ ____

⑨ $2-0=$ ____

⑩ $8-5=$ ____

⑪ $7-5=$ ____

⑫ $4-1=$ ____

⑬ $9-8=$ ____

⑭ $6-2=$ ____

⑮ $5-5=$ ____

⑯ $2-1=$ ____

⑰ $5-2=$ ____

⑱ $8-3=$ ____

2 DAY A

빨셈식 계산하기

그림을 그리거나, 손가락을 세어 보거나,
다양한 방법을 활용해서 계산해 봐!
또는 바둑알을 직접 꺼내서 계산하는 것도 좋아.

빨셈을 하세요.

① $7 - 4 =$ ____ ② $5 - 1 =$ ____ ③ $3 - 3 =$ ____

④ $8 - 4 =$ ____ ⑤ $3 - 2 =$ ____ ⑥ $9 - 6 =$ ____

⑦ $4 - 2 =$ ____ ⑧ $9 - 4 =$ ____ ⑨ $6 - 2 =$ ____

⑩ $8 - 3 =$ ____ ⑪ $4 - 3 =$ ____ ⑫ $2 - 1 =$ ____

⑬ $6 - 5 =$ ____ ⑭ $7 - 3 =$ ____ ⑮ $9 - 2 =$ ____

⑯ $1 - 1 =$ ____ ⑰ $8 - 6 =$ ____ ⑱ $7 - 2 =$ ____

⑲ $8 - 2 =$ ____ ⑳ $3 - 1 =$ ____ ㉑ $2 - 2 =$ ____

㉒ $7 - 6 =$ ____ ㉓ $4 - 1 =$ ____ ㉔ $9 - 3 =$ ____

2 DAY
B

뺄셈식 계산하기

뺄셈을 하세요.

① $8 - 5 =$ ____

② $5 - 4 =$ ____

③ $5 - 5 =$ ____

④ $5 - 2 =$ ____

⑤ $7 - 5 =$ ____

⑥ $9 - 1 =$ ____

⑦ $6 - 4 =$ ____

⑧ $9 - 9 =$ ____

⑨ $7 - 1 =$ ____

⑩ $9 - 5 =$ ____

⑪ $4 - 4 =$ ____

⑫ $6 - 6 =$ ____

⑬ $6 - 3 =$ ____

⑭ $9 - 7 =$ ____

⑮ $8 - 1 =$ ____

⑯ $8 - 8 =$ ____

⑰ $6 - 1 =$ ____

⑱ $5 - 3 =$ ____

⑲ $6 - 5 =$ ____

⑳ $7 - 7 =$ ____

㉑ $9 - 8 =$ ____

㉒ $8 - 7 =$ ____

㉓ $9 - 3 =$ ____

㉔ $5 - 1 =$ ____

3 DAY A

그림을 보고 뺄셈식 계산하기

그림을 보고 빗금이 안 그어진 그림의 수를 세어 봐.
그러면 남는 수를 쉽게 알 수 있어.

주어진 그림을 보고 빈칸에 들어갈 수를 쓰고 계산해 봅시다.

예시

6 − 4 = 2

①

8 − □ = □

②

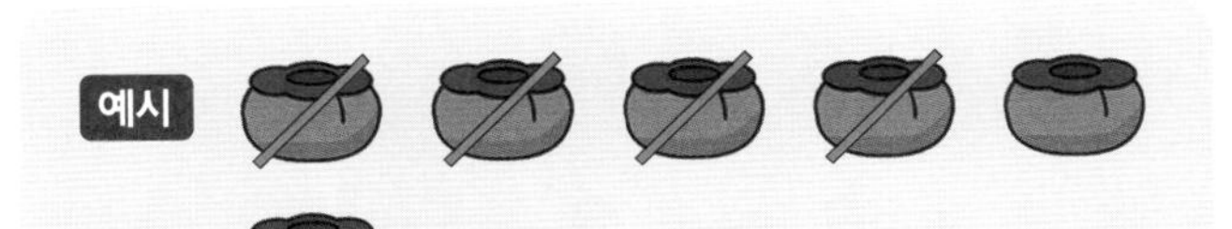

5 − □ = □

③

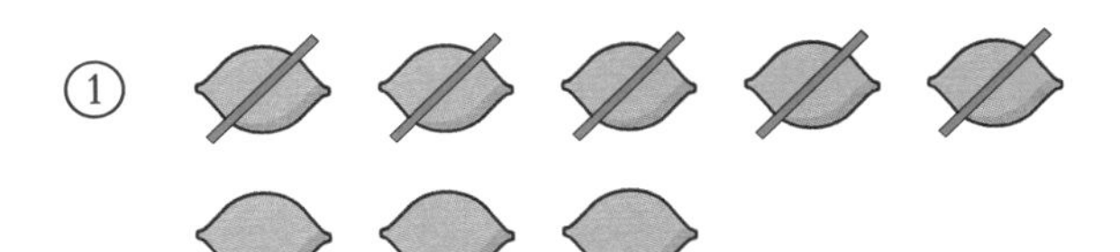

3 − □ = □

④

9 − □ = □

⑤

5 − □ = □

⑥

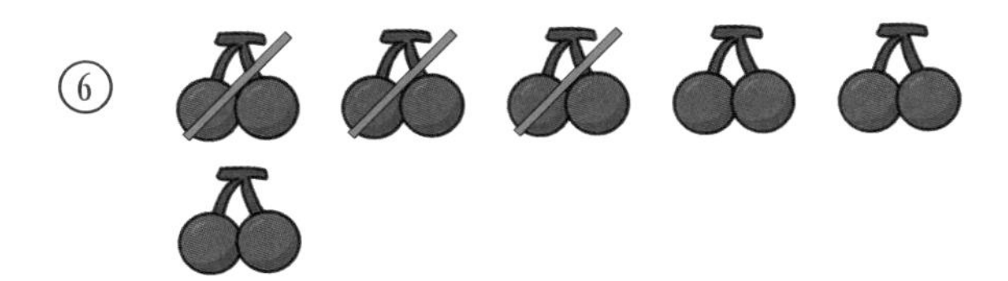

6 − □ = □

⑦

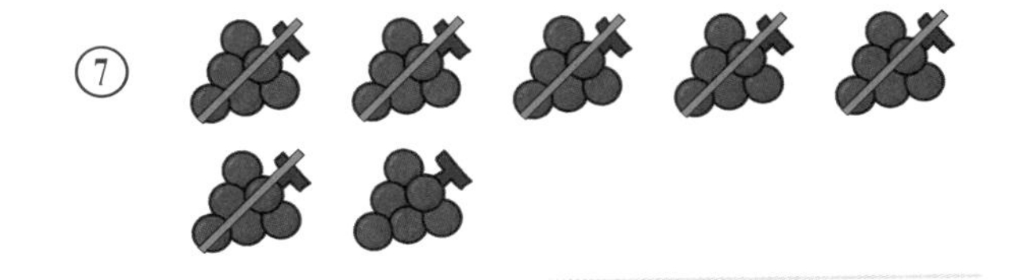

7 − □ = □

3 DAY B

그림을 보고 뺄셈식 계산하기

주어진 그림을 보고 빈칸에 들어갈 수를 쓰고 계산해 봅시다.

① $4 - 3 = \square$

② $5 - 2 = \square$

③ $7 - \square = \square$

④ $6 - \square = \square$

⑤ $5 - \square = \square$

⑥ $8 - \square = \square$

⑦ $6 - \square = \square$

⑧ $4 - \square = \square$

⑨ $7 - \square = \square$

⑩ $3 - \square = \square$

⑪ $9 - \square = \square$

⑫ $8 - \square = \square$

4 DAY A

그림을 보고 뺄셈식 만들기

누가 얼마나 더 갖고 있는지를 알기 위해서는
두 수를 비교해야 해.
주어진 그림을 선으로 연결해 봐.

주어진 그림을 보고 뺄셈을 계산해 보세요.

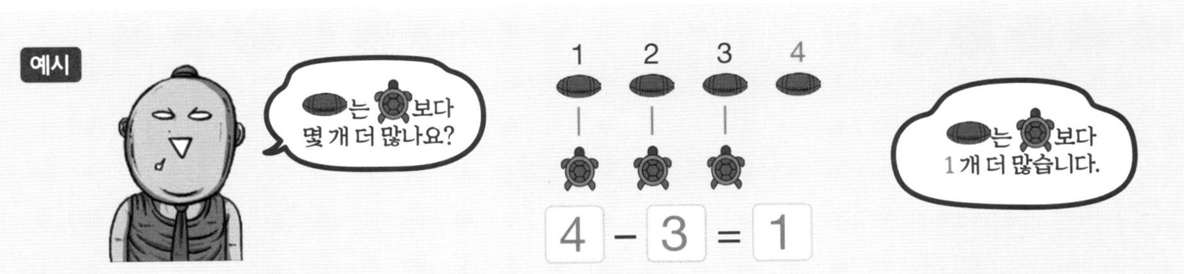

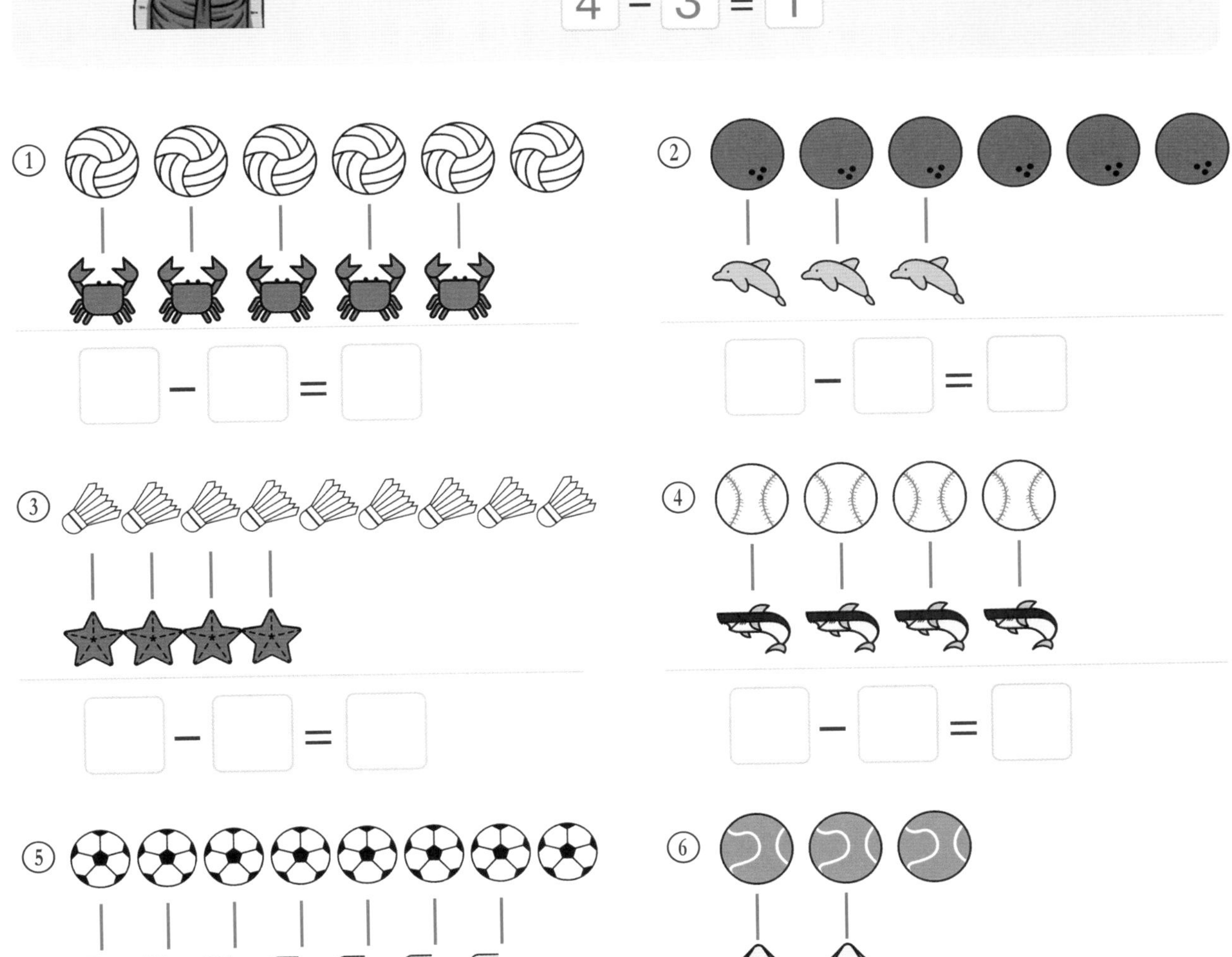

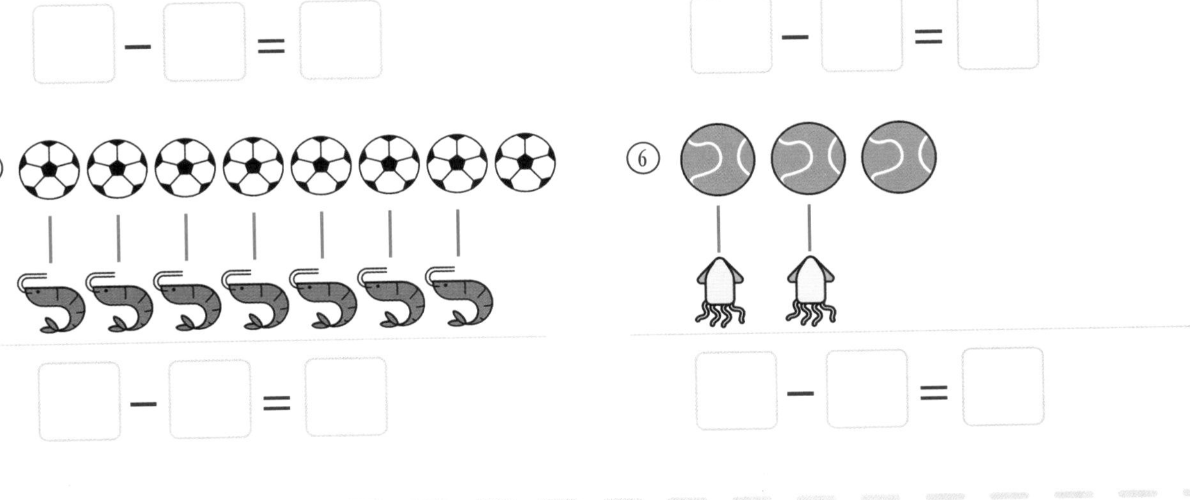

그림을 보고 뺄셈식 만들기

주어진 그림을 보고 빈칸에 들어갈 수를 쓰고 계산해봅시다.

① 5 − 3 = ☐

② ☐ − ☐ = ☐

③ ☐ − ☐ = ☐

④ ☐ − ☐ = ☐

⑤ ☐ − ☐ = ☐

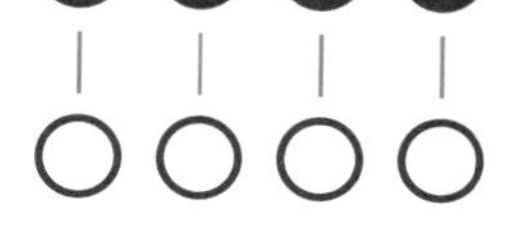

⑥ ☐ − ☐ = ☐

⑦ ☐ − ☐ = ☐

⑧ ☐ − ☐ = ☐

5 DAY A 뺄셈식 완성하기

규칙을 발견하면 계산을 쉽게 할 수 있어.
그림을 그려서 풀어 봐!

빨셈식을 보고 빈칸에 들어갈 수를 쓰시오.

예시

8 − [5] = 3
7 − [4] = 3
6 − [3] = 3
5 − [2] = 3

① 6 − [ ] = 2
5 − [ ] = 2
4 − [ ] = 2
3 − [ ] = 2

② 9 − [ ] = 4
8 − [ ] = 4
7 − [ ] = 4
6 − [ ] = 4

③ 5 − [ ] = 1
4 − [ ] = 1
3 − [ ] = 1
2 − [ ] = 1

④ 9 − [ ] = 3
8 − [ ] = 3
[ ] − 4 = 3
[ ] − 3 = 3

⑤ 9 − [ ] = 5
8 − [ ] = 5
7 − [ ] = 5
6 − [ ] = 5

⑥ 8 − [ ] = 2
6 − [ ] = 2
[ ] − 2 = 2
[ ] − 0 = 2

뺄셈식 완성하기

뺄셈식을 보고 빈칸에 들어갈 수를 쓰시오.

① $9 - \square = 1$
$8 - \square = 1$
$7 - \square = 1$
$6 - \square = 1$

② $8 - \square = 2$
$7 - \square = 2$
$6 - \square = 2$
$5 - \square = 2$

③ $7 - \square = 3$
$6 - \square = 3$
$5 - \square = 3$
$4 - \square = 3$

④ $9 - \square = 3$
$8 - \square = 3$
$7 - \square = 3$
$6 - \square = 3$

⑤ $8 - \square = 0$
$7 - \square = 0$
$6 - \square = 0$
$5 - \square = 0$

⑥ $8 - \square = 5$
$7 - \square = 5$
$6 - \square = 5$
$5 - \square = 5$

⑦ $7 - \square = 4$
$6 - \square = 4$
$5 - \square = 4$
$4 - \square = 4$

⑧ $8 - \square = 3$
$6 - \square = 3$
$5 - \square = 3$
$4 - \square = 3$

⑨ $9 - \square = 2$
$7 - \square = 2$
$\square - 3 = 2$
$\square - 1 = 2$

이야기로 풀어요

석이가 미로에 갇혔어요.
무사히 집까지 갈 수 있도록 길을 찾아주세요.
정답이 있는 방향으로 빠져나가면 돼요.

04. 수리 수리 마수리 얍!

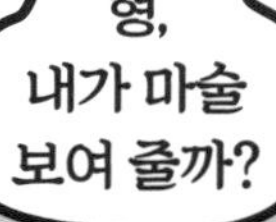

나는 요즘
이것저것
연습 중이다.

자,
이 안에
구슬이 5개
있지?

주머니 속
구슬이…

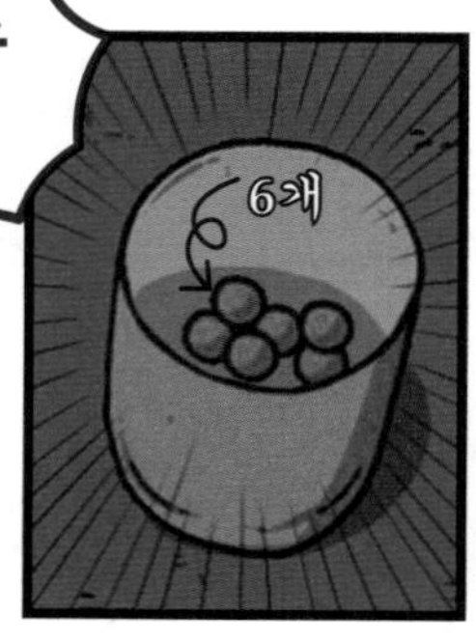

또
해 볼까?

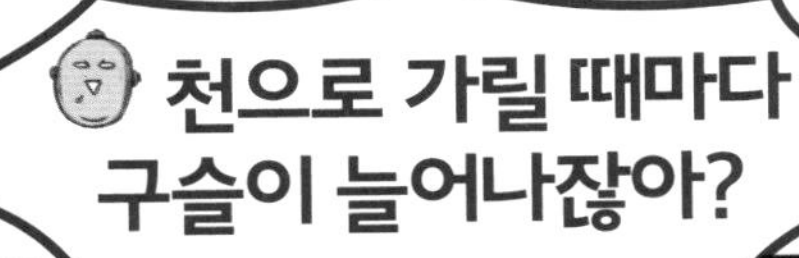
천으로 가릴 때마다
구슬이 늘어나잖아?

타
란
어떻게 한 거야?
훗…
사실
간단해.

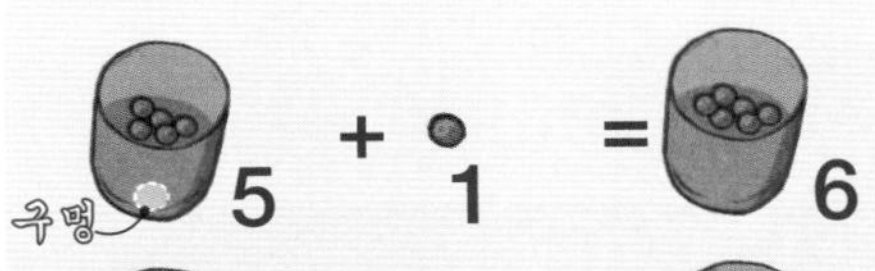
구멍
5 + 1 = 6
5 + 2 = 7
5 + 3 = 8
5 + 4 = 9

컵 밑에 작은
구멍이 있어서
거기로 몰래
한 개씩 넣은 거야.
구멍 마개를 밀면
감쪽같이
구멍이 사라지지.

뭐야, 속았잖아!
석아~
심부름 좀
다녀오렴.

쳇… 마술이
별로였나?
앞으로는 랩을
연습해 볼까?

아직 우리말이
서툰 학생이
기특하게
심부름을…!
과 일
사과 4!
사가YO!
과일가게 아주머니

나는 그냥
랩을 했을 뿐인데
씨 익
말도 잘
못하는 친구가
기특하게
심부름을 왔다고
사과를 하나
더 주셨다.

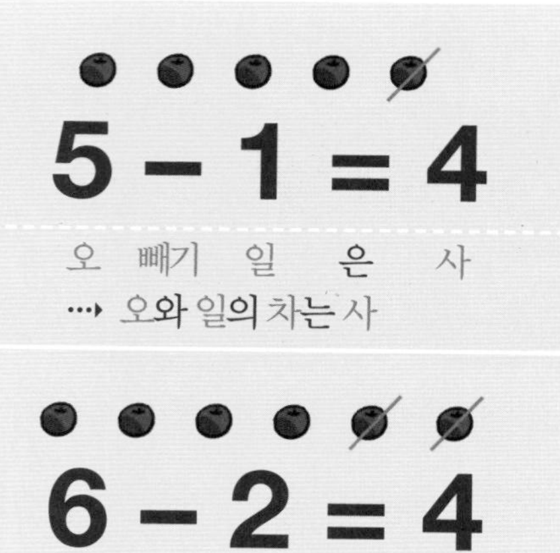

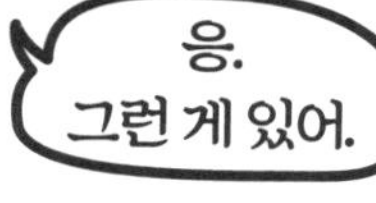

마음의 꿀팁

덧셈과 뺄셈은 서로 반대야.
덧셈은 앞으로 뛰어 세기 하지만 뺄셈은 뒤로 뛰어 세기를 해.
덧셈식을 알면 뺄셈식을 알 수 있어.

1 DAY A

덧셈과 뺄셈 규칙 찾기

애들아,
문제 번호 순서대로 계산하면서 규칙을 찾아봐.
예시를 풀고 나서 규칙을 찾아볼래?

덧셈과 뺄셈을 계산하세요.

예시 $7 + 2 =$ 9 $9 - 7 =$ 2 $9 - 2 =$ 7

① $3 + 1 =$ ______ ② $4 - 1 =$ ______ ③ $4 - 3 =$ ______

④ $6 + 2 =$ ______ ⑤ $8 - 2 =$ ______ ⑥ $8 - 6 =$ ______

⑦ $4 + 3 =$ ______ ⑧ $7 - 3 =$ ______ ⑨ $7 - 4 =$ ______

⑩ $6 + 1 =$ ______ ⑪ $7 - 1 =$ ______ ⑫ $7 - 6 =$ ______

⑬ $3 + 5 =$ ______ ⑭ $8 - 3 =$ ______ ⑮ $8 - 5 =$ ______

⑯ $7 + 1 =$ ______ ⑰ $8 - 1 =$ ______ ⑱ $8 - 7 =$ ______

⑲ $2 + 1 =$ ______ ⑳ $3 - 2 =$ ______ ㉑ $3 - 1 =$ ______

덧셈과 뺄셈 규칙 찾기

덧셈과 뺄셈을 계산하세요.

① $5 - 1 =$ ____ ② $5 - 4 =$ ____ ③ $4 + 1 =$ ____

④ $9 - 1 =$ ____ ⑤ $9 - 8 =$ ____ ⑥ $8 + 1 =$ ____

⑦ $7 - 4 =$ ____ ⑧ $7 - 3 =$ ____ ⑨ $3 + 4 =$ ____

⑩ $5 - 2 =$ ____ ⑪ $5 - 3 =$ ____ ⑫ $3 + 2 =$ ____

⑬ $8 - 6 =$ ____ ⑭ $8 - 2 =$ ____ ⑮ $2 + 6 =$ ____

⑯ $9 - 4 =$ ____ ⑰ $9 - 5 =$ ____ ⑱ $5 + 4 =$ ____

⑲ $6 - 5 =$ ____ ⑳ $6 - 1 =$ ____ ㉑ $5 + 1 =$ ____

㉒ $6 - 2 =$ ____ ㉓ $6 - 4 =$ ____ ㉔ $4 + 2 =$ ____

2 DAY A

덧셈과 뺄셈 그림 그리기

덧셈과 뺄셈을 풀다가 잘 풀리지 않으면
그림을 그려서 풀어 봐.
그러면 마법처럼 신기하게 계산이 될 거야.

빈칸에 들어갈 수를 쓰시오.

① 4 + 2 = ___

●●●●○○

② 3 + 3 = ___

③ 1 + 5 = ___

④ ___ + 5 = 9

⑤ 2 + ___ = 9

⑥ 5 + 4 = ___

⑦ 8 − ___ = 2

●●(●●●●●●)

⑧ ___ − 3 = 6

⑨ 7 − 1 = ___

⑩ ___ + 3 = 8

⑪ 2 + ___ = 8

⑫ 1 + 7 = ___

⑬ ___ − 3 = 5

⑭ 6 − ___ = 5

⑮ 7 − 2 = ___

⑯ ___ + 3 = 5

⑰ 1 + ___ = 5

⑱ 4 + 1 = ___

⑲ 6 − ___ = 3

⑳ ___ − 4 = 3

㉑ 9 − 6 = ___

㉒ ___ + 5 = 9

㉓ 3 + ___ = 9

㉔ 1 + 8 = ___

2 DAY B

덧셈과 뺄셈 그림 그리기

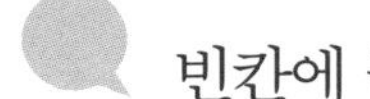

빈칸에 들어갈 수를 쓰시오.

① $6 - 5 = \_\_\_$

② $6 - 1 = \_\_\_$

③ $8 - 7 = \_\_\_$

④ $\_\_\_ - 5 = 4$

⑤ $8 - \_\_\_ = 4$

⑥ $5 - 1 = \_\_\_$

⑦ $8 - \_\_\_ = 6$

⑧ $\_\_\_ + 4 = 7$

⑨ $6 + 1 = \_\_\_$

⑩ $\_\_\_ - 3 = 4$

⑪ $6 - \_\_\_ = 4$

⑫ $8 - 4 = \_\_\_$

⑬ $\_\_\_ + 1 = 9$

⑭ $6 + \_\_\_ = 9$

⑮ $7 + 2 = \_\_\_$

⑯ $\_\_\_ - 4 = 5$

⑰ $9 - \_\_\_ = 1$

⑱ $8 - 3 = \_\_\_$

⑲ $3 + \_\_\_ = 4$

⑳ $\_\_\_ + 2 = 4$

㉑ $4 + 0 = \_\_\_$

㉒ $\_\_\_ - 7 = 2$

㉓ $5 - \_\_\_ = 2$

㉔ $4 - 2 = \_\_\_$

3 DAY A

덧셈과 뺄셈 계산 익히기

주어진 식을 연필로 계산하기 전에 눈으로 보고 한 번 풀어본 후 연필을 잡고 차분히 계산하면 계산 실수를 줄일 수 있어.

계산 결과가 같은 것끼리 선을 이어 보세요.

① 2 + 4 •　　• 3 + 3
6 + 1 •　　• 2 + 3
1 + 4 •　　• 5 + 2

② 9 − 4 •　　• 3 − 3
5 − 1 •　　• 6 − 2
2 − 2 •　　• 7 − 2

③ 6 + 1 •　　• 6 + 3
3 + 2 •　　• 4 + 1
8 + 1 •　　• 2 + 5

④ 3 − 1 •　　• 7 − 3
9 − 5 •　　• 5 − 3
1 − 1 •　　• 6 − 6

⑤ 3 + 6 •　　• 3 + 3
7 + 1 •　　• 5 + 4
1 + 5 •　　• 4 + 4

⑥ 6 − 5 •　　• 9 − 5
3 − 1 •　　• 4 − 3
5 − 1 •　　• 2 − 0

덧셈과 뺄셈 계산 익히기

계산 결과가 같은 것끼리 선을 이어 보세요.

①

7 − 5 •	• 8 − 6
9 − 2 •	• 6 − 5
3 − 2 •	• 8 − 1

②

4 + 2 •	• 3 + 4
5 + 3 •	• 1 + 5
1 + 6 •	• 4 + 4

③

4 − 3 •	• 6 − 5
9 − 4 •	• 4 − 1
5 − 2 •	• 7 − 2

④

4 − 1 •	• 5 − 1
8 − 4 •	• 6 − 3
7 − 2 •	• 8 − 3

⑤

6 + 0 •	• 3 + 3
5 + 3 •	• 5 + 4
2 + 7 •	• 4 + 4

⑥

3 + 3 •	• 8 + 1
7 + 2 •	• 3 + 4
2 + 5 •	• 2 + 4

4 DAY A

차례차례 더하고 빼기

숫자를 하나씩 써 보면 규칙이 눈에 보일 거야. 문제를 풀기 전에 이 문제가 어떤 문제인지 생각해 보고 풀면 규칙을 찾기 쉬워.

주어진 그림을 보고 덧셈과 뺄셈을 해 보세요.

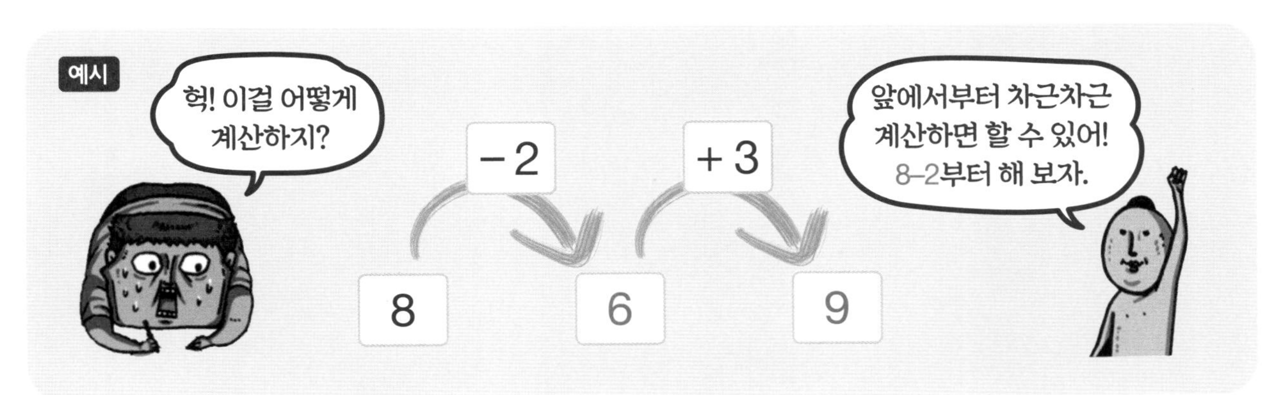

①

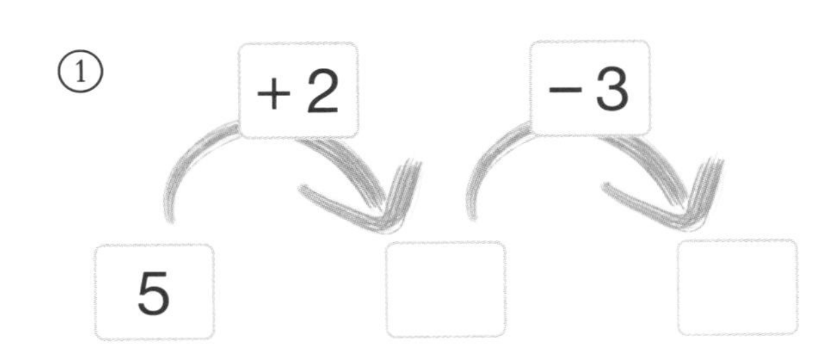

②

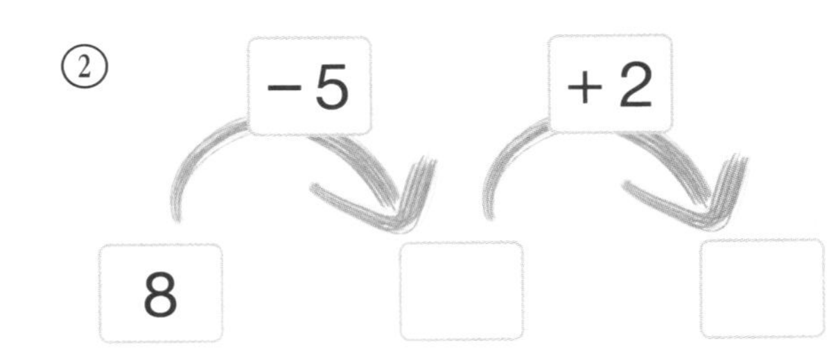

③

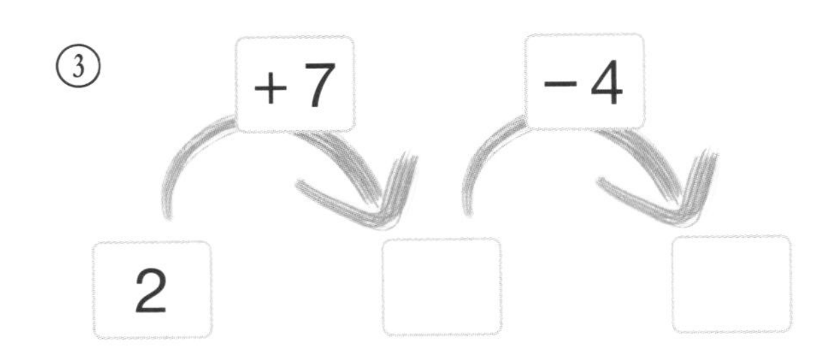

④

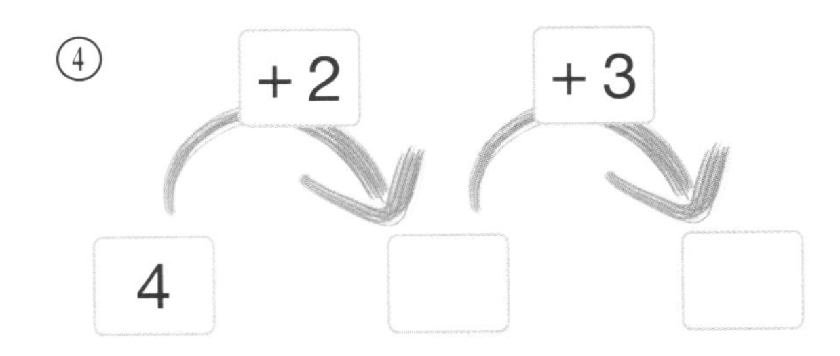

⑤

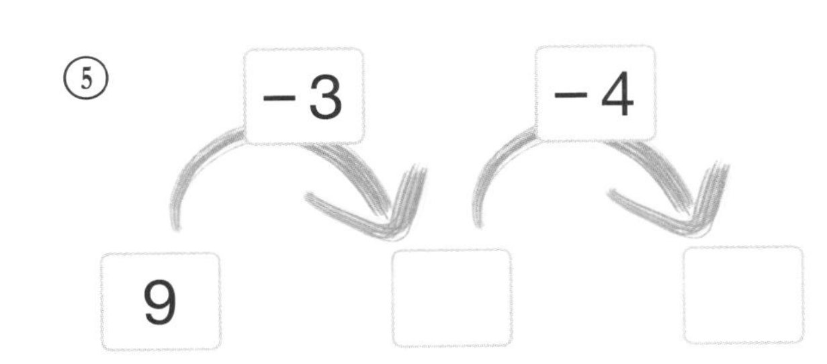

⑥

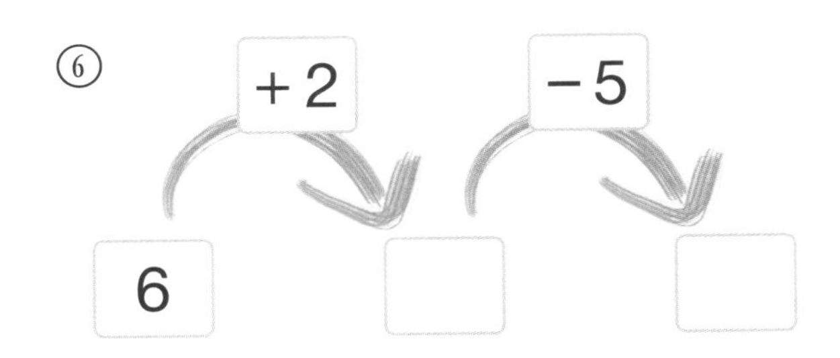

4 DAY B

차례차례 더하고 빼기

주어진 그림을 보고 덧셈과 뺄셈을 해 보세요.

①
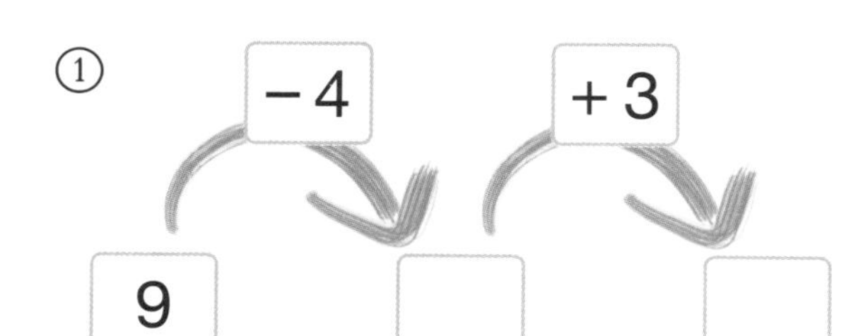

②
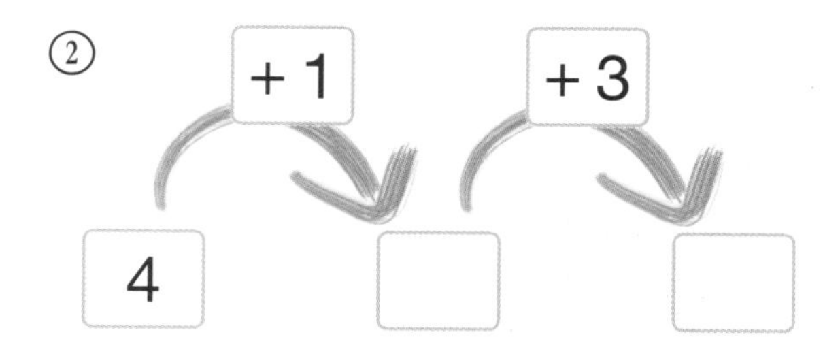

③
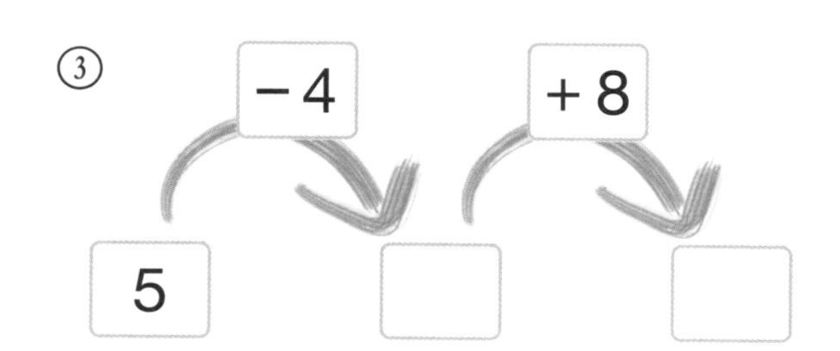

④
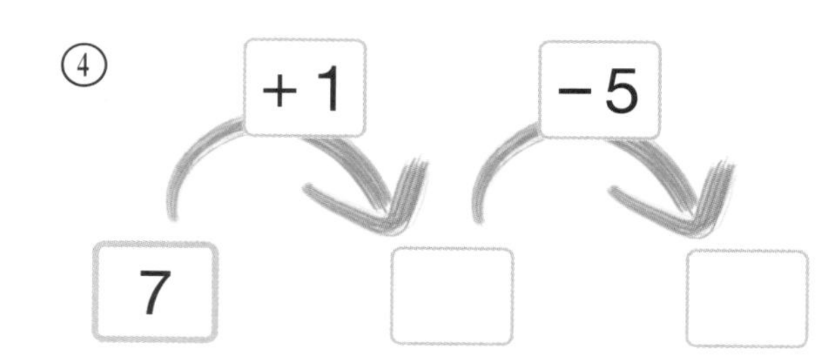

⑤
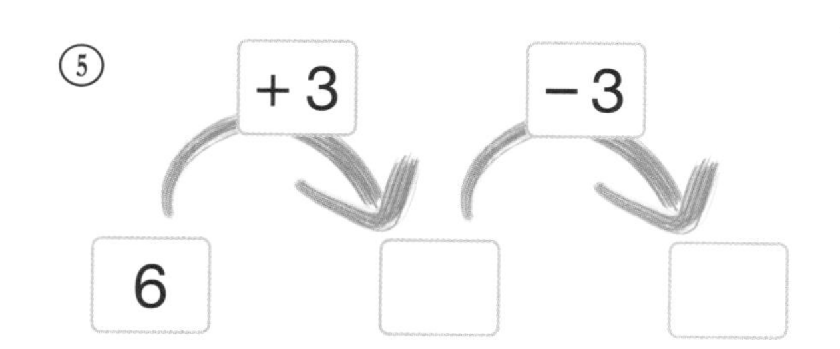

⑥
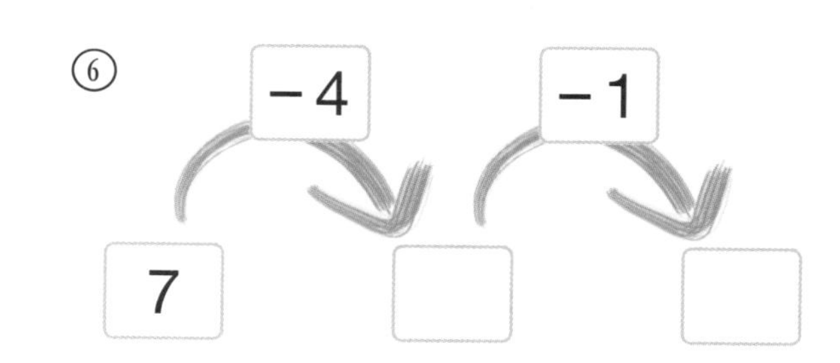

⑦
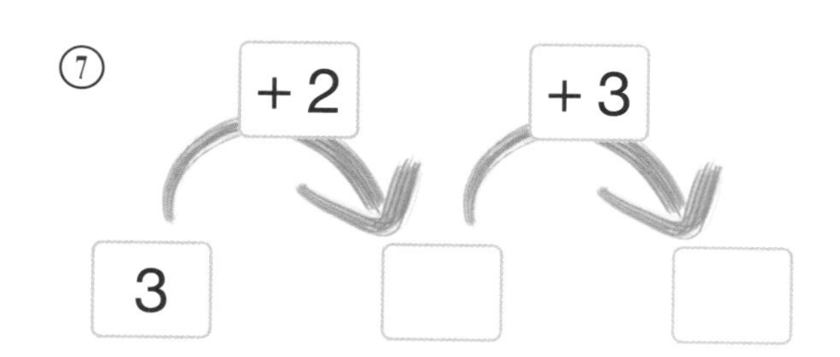

⑧
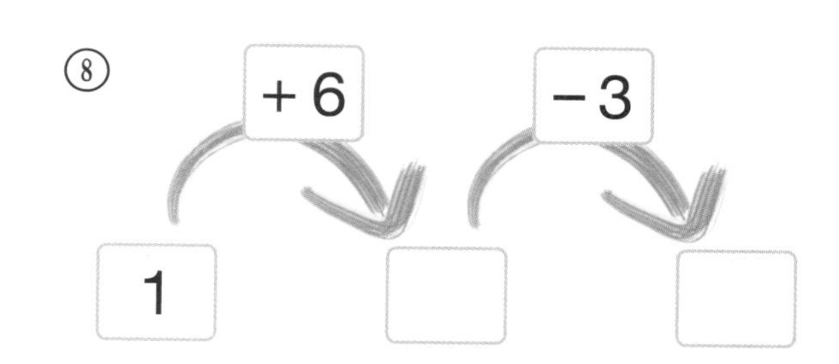

덧셈과 뺄셈 빈칸 채우기

숫자를 하나씩 써 보면 규칙이 눈에 보일 거야.
문제를 풀기 전에 이 문제가 어떤 문제인지
먼저 보고 풀면 규칙을 찾기 쉬워.

빈칸에 들어갈 수를 쓰시오.

예시

$9 - \boxed{8} = 1$

$9 - \boxed{7} = 2$

$9 - \boxed{6} = 3$

$9 - \boxed{5} = 4$

$9 - \boxed{4} = 5$

정답은 8, 7, 6, 5, 4와 같이 1씩 작아지고 있어!

① $8 + \square = 9$
$7 + \square = 9$
$6 + \square = 9$
$5 + \square = 9$

② $\square + 0 = 1$
$\square + 0 = 2$
$\square + 0 = 3$
$\square + 0 = 4$

③ $8 - \square = 7$
$8 - \square = 6$
$8 - \square = 5$
$8 - \square = 4$

④ $3 + \square = 8$
$4 + \square = 8$
$5 + \square = 8$
$6 + \square = 8$

⑤ $7 - \square = 1$
$7 - \square = 2$
$7 - \square = 3$
$7 - \square = 4$

⑥ $\square + 6 = 7$
$\square + 5 = 7$
$\square + 4 = 7$
$\square + 3 = 7$

덧셈과 뺄셈 빈칸 채우기

빈칸에 들어갈 수를 쓰시오.

①
$\square - 4 = 5$
$\square - 5 = 4$
$\square - 6 = 3$
$\square - 7 = 2$
$\square - 8 = 1$

②
$\square + 5 = 9$
$\square + 4 = 9$
$\square + 3 = 9$
$\square + 2 = 9$
$\square + 1 = 9$

③
$7 - \square = 7$
$7 - \square = 6$
$7 - \square = 5$
$7 - \square = 4$
$7 - \square = 3$

④
$1 + \square = 8$
$2 + \square = 8$
$3 + \square = 8$
$4 + \square = 8$
$5 + \square = 8$

⑤
$6 - \square = 1$
$6 - \square = 2$
$6 - \square = 3$
$6 - \square = 4$
$6 - \square = 5$

⑥
$1 + \square = 7$
$2 + \square = 7$
$3 + \square = 7$
$4 + \square = 7$
$5 + \square = 7$

⑦
$\square - 4 = 5$
$\square - 3 = 5$
$\square - 2 = 5$
$\square - 1 = 5$
$\square - 0 = 5$

⑧
$\square + 7 = 9$
$\square + 6 = 9$
$\square + 5 = 9$
$\square + 4 = 9$
$\square + 3 = 9$

⑨
$\square - 9 = 0$
$\square - 8 = 0$
$\square - 7 = 0$
$\square - 6 = 0$
$\square - 5 = 0$

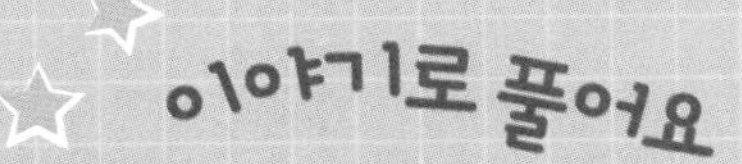

조석 가족이 열심히 수학 문제를 풀었어요.
그런데 조석 가족이 푼 문제 중에 잘못 푼 문제가 있네요
여러분이 잘못 푼 문제를 찾아 고쳐주세요.

$5 + 4 = 9$
$9 - 5 = 4$

$3 + 5 = 7$
$8 - 3 = 5$

$4 + 3 = 7$
$7 - 4 = 3$

$7 + 1 = 8$
$8 - 7 = 1$

☞ 잘못 푼 사람

( ) ( ) ( ) ( )

☞ 틀린 답을 고쳐주세요.

식 만들기

05. 방 탈출 카페에 가다

애봉이와 방 탈출 카페에 왔다.

들어오자마자 모르겠다.

1초 만에 모르겠다.

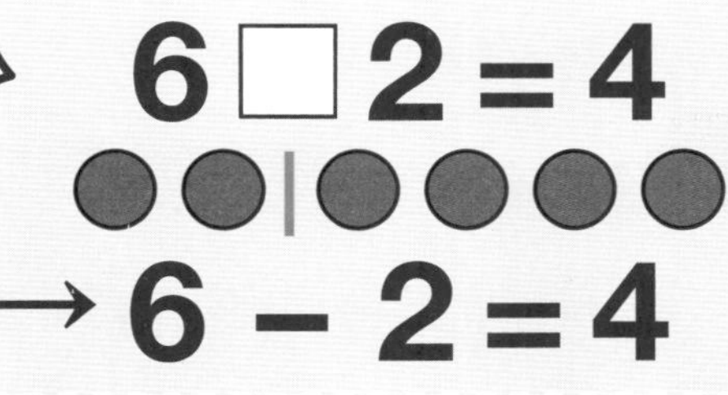

6-2=4니까
첫째 칸은
빼기 기호야!

7 □ 2 = 9

→ 7 + 2 = 9

칠 더하기 이 는 구

⋯ 칠과 이의 합은 구

3 + 2 = 5

5 − 1 = 4

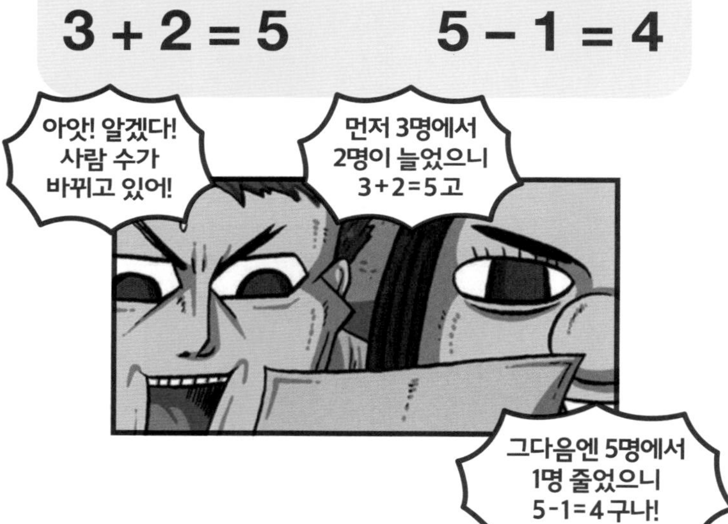

손님 덕분에 숙제 완료

마음의 꿀팁

주어진 그림을 보고 덧셈식과 뺄셈식을 만들어 보자. 식을 만든 후에 내가 만든 식이 맞는지 확인하기 위해서 꼭 계산해 봐.

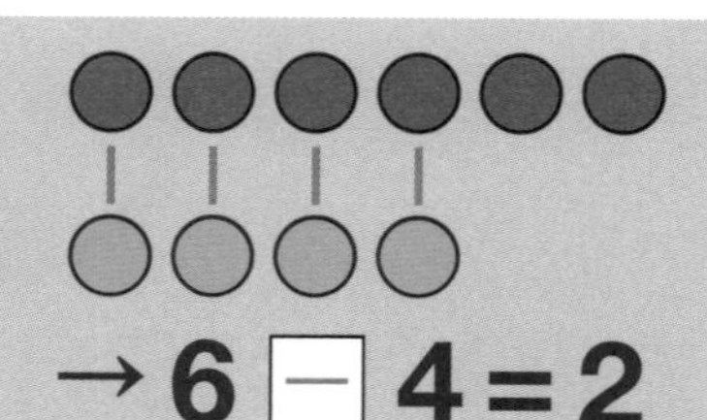

→ 6 − 4 = 2

1 DAY A

알맞은 기호 쓰기

+, - 를 넣기 전에 앞으로 세어야 할지 뒤로 세어야 할지를 결정하면 좋아. 앞으로 세어야 하면 덧셈, 뒤로 세어야 하면 뺄셈이야.

빈칸에 + 또는 −를 알맞게 써넣어 보세요.

①

②

③

④

⑤

⑥

⑦

1 DAY B

알맞은 기호 쓰기

빈칸에 + 또는 −를 알맞게 써넣어 보세요.

① 3 □ 2 = 5	② 8 □ 7 = 1	③ 5 □ 2 = 3
④ 6 □ 1 = 7	⑤ 4 □ 2 = 6	⑥ 9 □ 3 = 6
⑦ 2 □ 2 = 4	⑧ 4 □ 1 = 3	⑨ 9 □ 8 = 1
⑩ 3 □ 3 = 0	⑪ 7 □ 2 = 9	⑫ 1 □ 4 = 5
⑬ 6 □ 1 = 5	⑭ 7 □ 3 = 4	⑮ 3 □ 6 = 9
⑯ 8 □ 4 = 4	⑰ 3 □ 2 = 5	⑱ 8 □ 1 = 7
⑲ 3 □ 3 = 6	⑳ 4 □ 1 = 3	㉑ 5 □ 2 = 7
㉒ 6 □ 4 = 2	㉓ 4 □ 3 = 7	㉔ 2 □ 1 = 3

2 DAY A 덧셈식과 뺄셈식 만들기

덧셈식을 알면 뺄셈식을 알 수 있고
뺄셈식을 알면 덧셈식을 알 수 있어.
둘 중 하나를 먼저 만들면 나머지를 쉽게 알 수 있지.

주어진 수를 모두 이용하여 덧셈식과 뺄셈식을 만들어 보세요.

예시

4	3	7

덧셈식과 뺄셈식 둘 다 만들라고?

어려우면 덧셈식을 먼저 생각해 보자.

세 수로 만들 수 있는 덧셈식은… 3 + 4 = 7과 4 + 3 = 7

덧셈식을 보니 뺄셈식도 만들 수 있을 것 같아!

①

1	6	5

☐ + ☐ = ☐　　☐ − ☐ = ☐

②

8	3	5

☐ + ☐ = ☐　　☐ − ☐ = ☐

③

3	6	9

☐ + ☐ = ☐　　☐ − ☐ = ☐

④

6	2	4

☐ + ☐ = ☐　　☐ − ☐ = ☐

2 DAY B

덧셈식과 뺄셈식 만들기

주어진 수를 모두 이용하여 덧셈식과 뺄셈식을 만들어 보세요.

예시

1 + 4 = 5

5 − 4 = 1

①

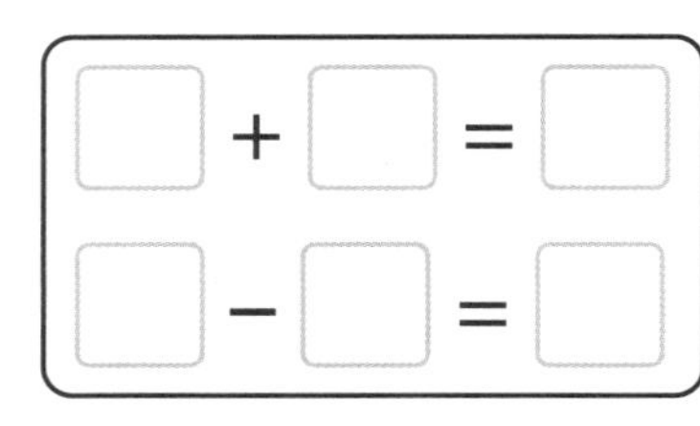

②

□ + □ = □

□ − □ = □

③

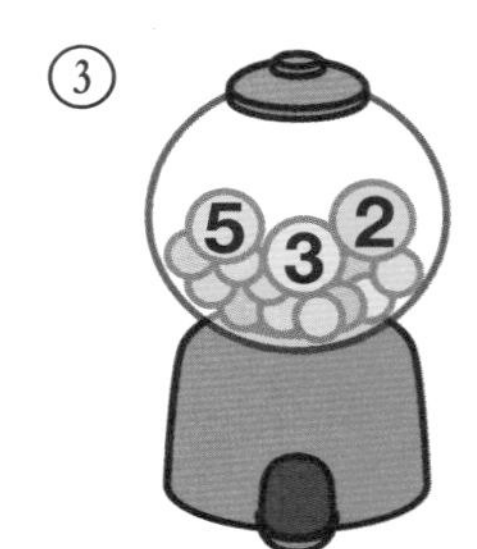

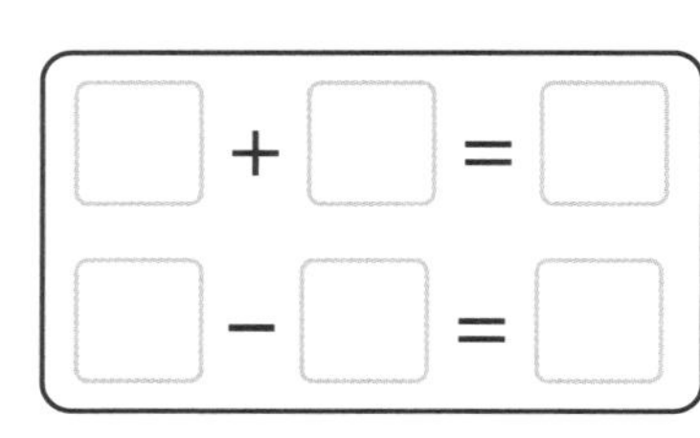

④

□ + □ = □

□ − □ = □

⑤

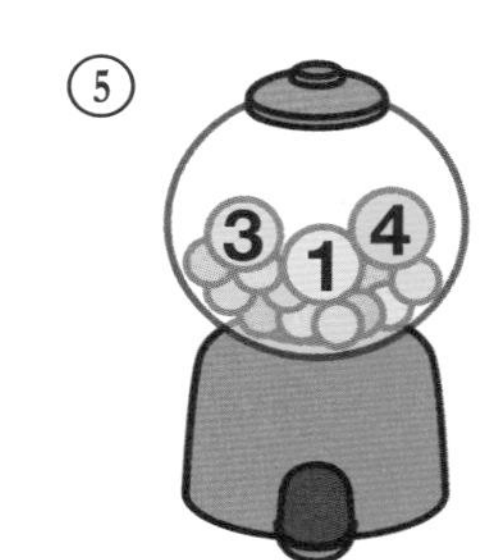

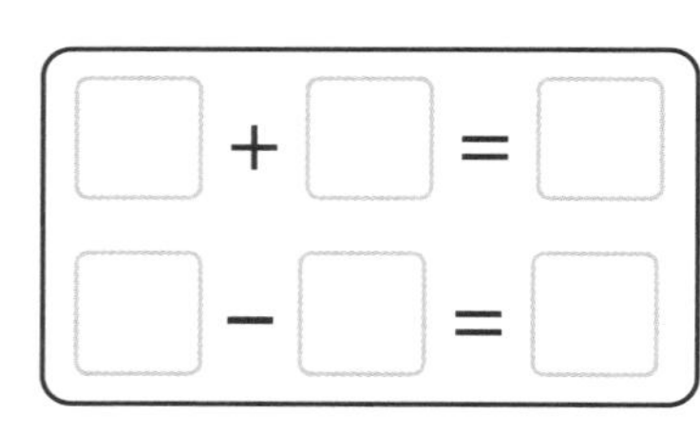

⑥

□ + □ = □

□ − □ = □

⑦

□ + □ = □

□ − □ = □

3 DAY A

그림을 보고 덧셈식 만들기

덧셈 결과를 보고 그림을 알맞게 그려 봐.
그림을 그리면 쉽게 문제를 해결할 수 있어.

주어진 덧셈식에 맞게 ●를 더 그리고 빈칸에 알맞은 수를 쓰세요.

예시 

3 + [2] = 5

① ● ● ●

3 + [ ] = 6

② ● ●

2 + [ ] = 7

③ ● ● ● ● ● ● ●

7 + [ ] = 8

④ ●

1 + [ ] = 5

⑤ ● ● ● ●

4 + [ ] = 8

⑥ ● ● ● ● ● ●

6 + [ ] = 8

⑦ ● ●

2 + [ ] = 6

⑧ ● ● ●

3 + [ ] = 7

⑨ ● ● ● ● ● ● ●

7 + [ ] = 9

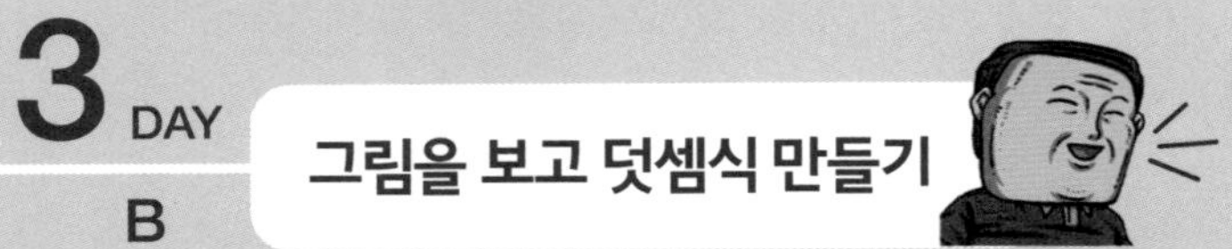

주어진 덧셈식에 맞게 ●를 더 그리고 빈칸에 알맞은 수를 쓰세요.

① ● ● ● ● ●

5 + ☐ = 6

② ● ● ● ●

4 + ☐ = 6

③ ● ● ● ● ● ●

6 + ☐ = 9

④ ● ●

2 + ☐ = 8

⑤ ● ● ●

3 + ☐ = 5

⑥ ●

1 + ☐ = 4

⑦ ● ●

2 + ☐ = 6

⑧ ● ● ● ● ● ● ● ●

8 + ☐ = 9

⑨ ● ● ● ● ● ● ●

7 + ☐ = 8

⑩ ●

1 + ☐ = 5

4 DAY A

그림을 보고 뺄셈식 만들기

세 수 중 가장 큰 수를 찾고 뺄셈식을 만들어 봐.
가장 큰 수를 찾고 나머지 수를 빼면 돼.

그림에 있는 세 수를 모두 이용하여 뺄셈식을 써 보세요.

①
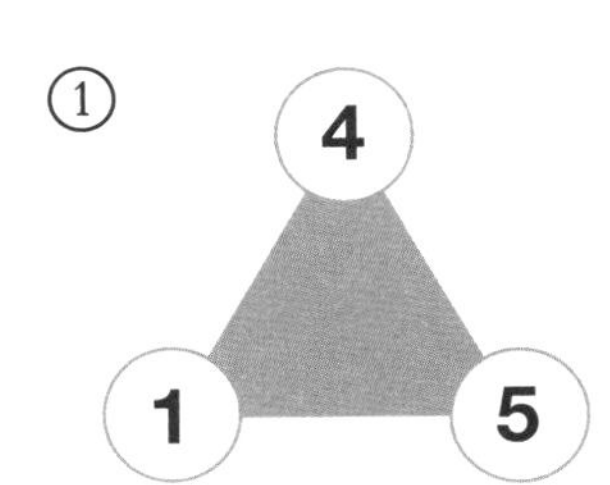

5 − ☐ = 4
5 − ☐ = 1

② 7, 2, 5

☐ − ☐ = ☐
☐ − ☐ = ☐

③
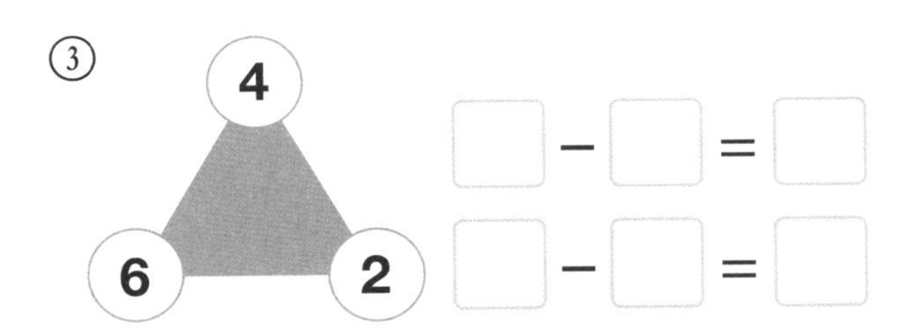

④
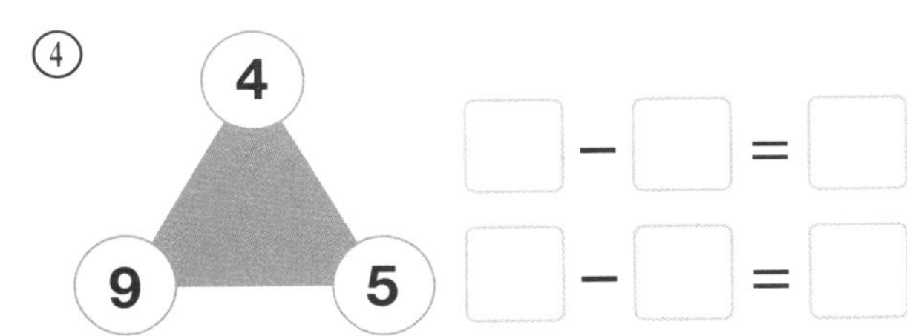

⑤
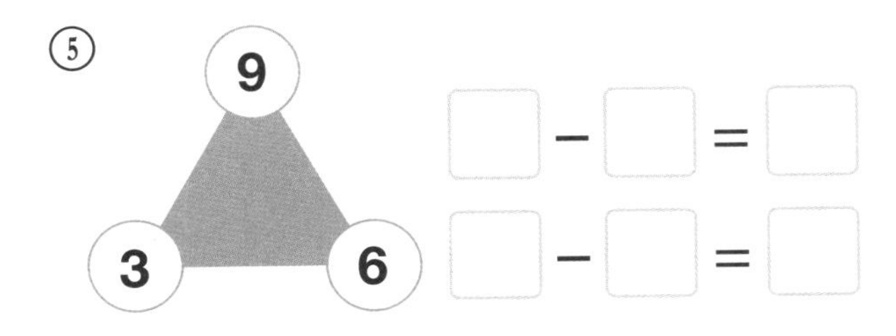

⑥
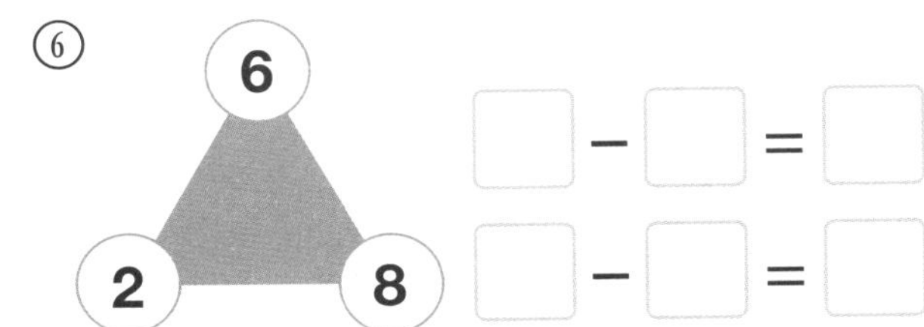

4 DAY B

그림을 보고 뺄셈식 만들기

그림에 있는 세 수를 모두 이용하여 뺄셈식을 써 보세요.

①

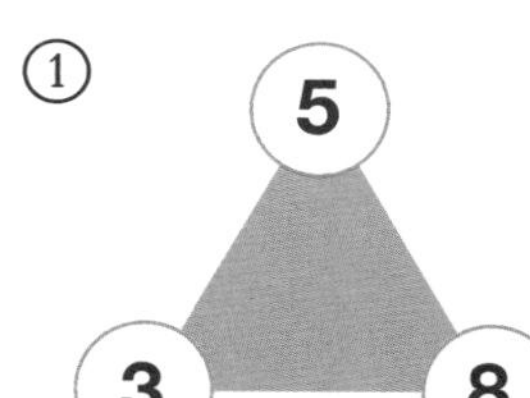

8 − □ = 5

8 − □ = 3

②

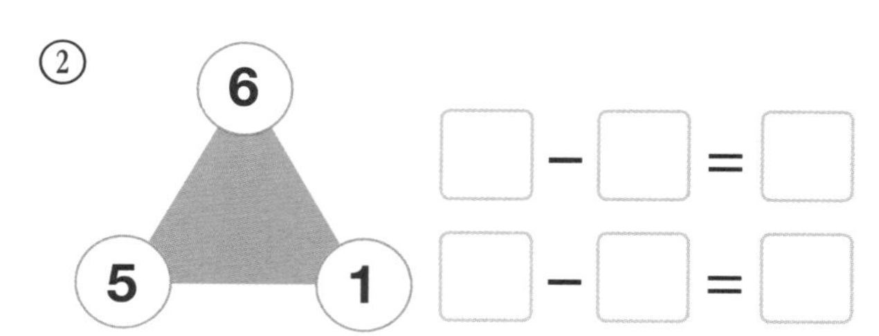

③

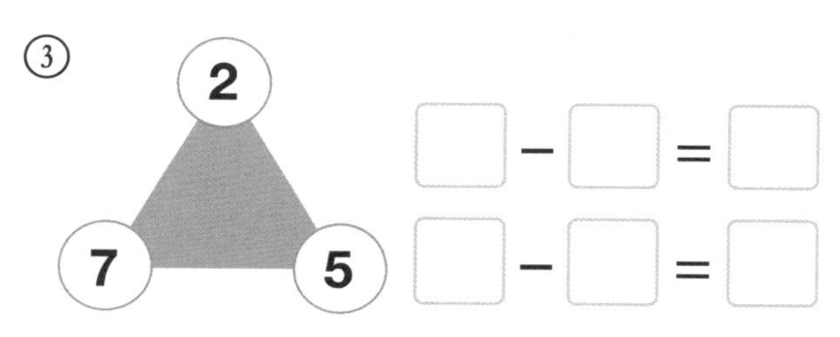

④

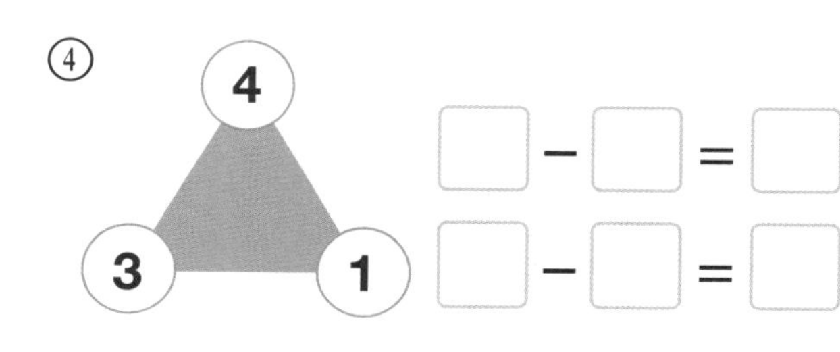

⑤

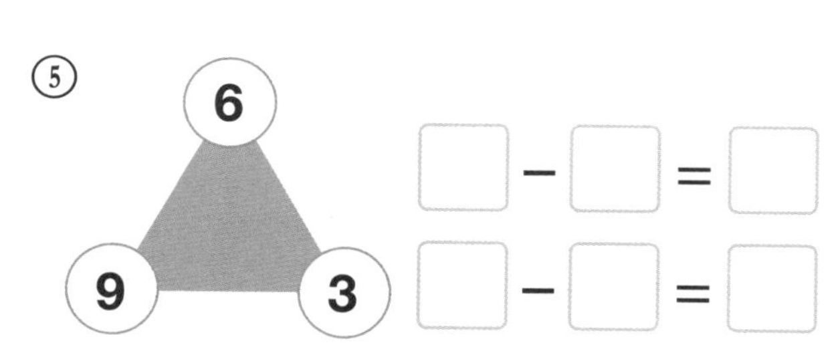

⑥

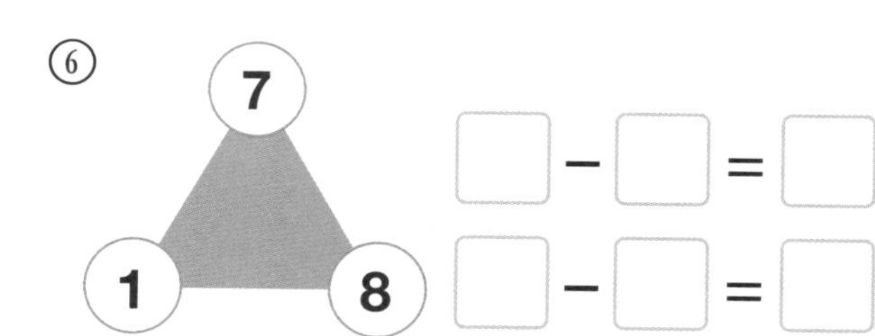

재미있는 식 만들기

빼셈식을 만들 때 가장 큰 수 9부터 시작해서 찾아봐.
덧셈식은 0부터 시작하면 좋아.

0부터 9까지의 수를 이용하여 덧셈식과 뺄셈식을 만들어 보세요.

합이 6이 되는 덧셈식	0 + 6 = 6, 2 + 4 = 6, 4 + 2 = 6 1 + 5 = 6, 3 + 3 = 6
차가 3이 되는 뺄셈식	□ − 6 = □, □ − 5 = □ □ − 4 = □, □ − 3 = □
합이 4가 되는 덧셈식	2 + □ = □, □ + 0 = □ □ + 3 = □, □ + 1 = □
차가 5가 되는 뺄셈식	7 − □ = □, 9 − □ = □ □ − 3 = □, □ − 1 = □
합이 8이 되는 덧셈식	□ + 4 = □, 3 + □ = □ 6 + □ = □, 2 + □ = □

재미있는 식 만들기

0부터 9까지의 수를 이용하여 덧셈식과 뺄셈식을 만들어 보세요.

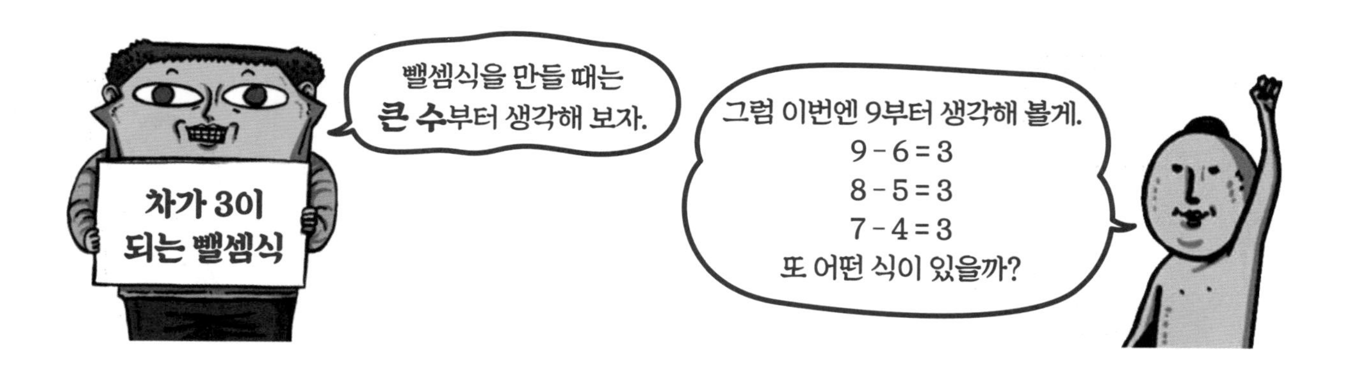

합이 3이 되는 덧셈식	$0+3=3$ $1+2=3$	$2+1=3$ $3+0=3$
차가 1이 되는 뺄셈식	$\square - 7 = \square$ $\square - 5 = \square$	$\square - 6 = \square$ $\square - 2 = \square$
합이 7이 되는 덧셈식	$\square + 3 = \square$ $\square + 2 = \square$	$\square + 4 = \square$ $\square + 1 = \square$
차가 4가 되는 뺄셈식	$7 - \square = \square$ $5 - \square = \square$	$9 - \square = \square$ $6 - \square = \square$
합이 5가 되는 덧셈식	$2 + \square = \square$ $1 + \square = \square$	$0 + \square = \square$ $3 + \square = \square$

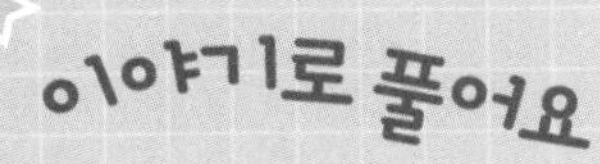

석이가 덧셈식과 뺄셈식 만들기 게임을 하고 있습니다.
석이가 게임에서 이길 수 있도록 여러분들이 도와주세요.
게임 화면을 보고
덧셈과 뺄셈 중 하나를 골라서 동그라미를 그리세요.

+를 눌러야 할지
-를 눌러야 할지
잘 모르겠네!

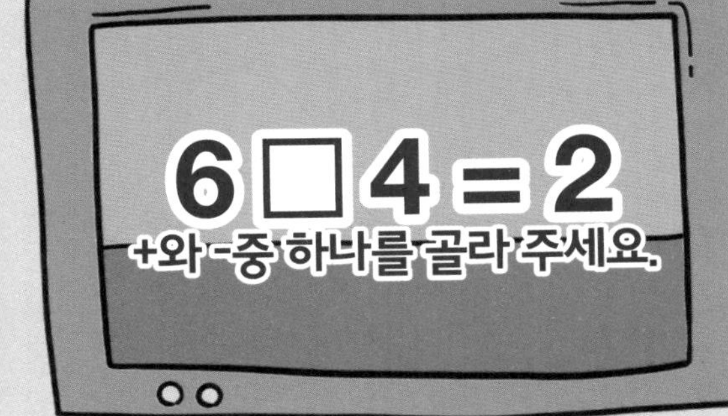

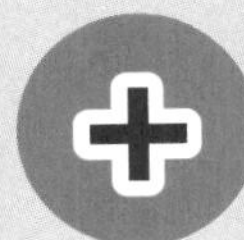

19까지 모으기와 가르기

06. 감 나누기 대작전

형이 할머니 댁에서 감을 가지고 왔다.
이건 뭐야?
툭
이번에 감이 왕창 열렸다고 감 챙겨 주셨어.
이 감을 빨리 치워야 한다.
어디 좀 나눠 주자…
제발
그래
멍멍 (감 싫어!)
몇 개씩 나눠 담을까?
들어갈 수 있는 만큼
그럼 14개 담을 수 있어.
으아아
왜?
감 하나씩 세는 거 너무 힘들어!

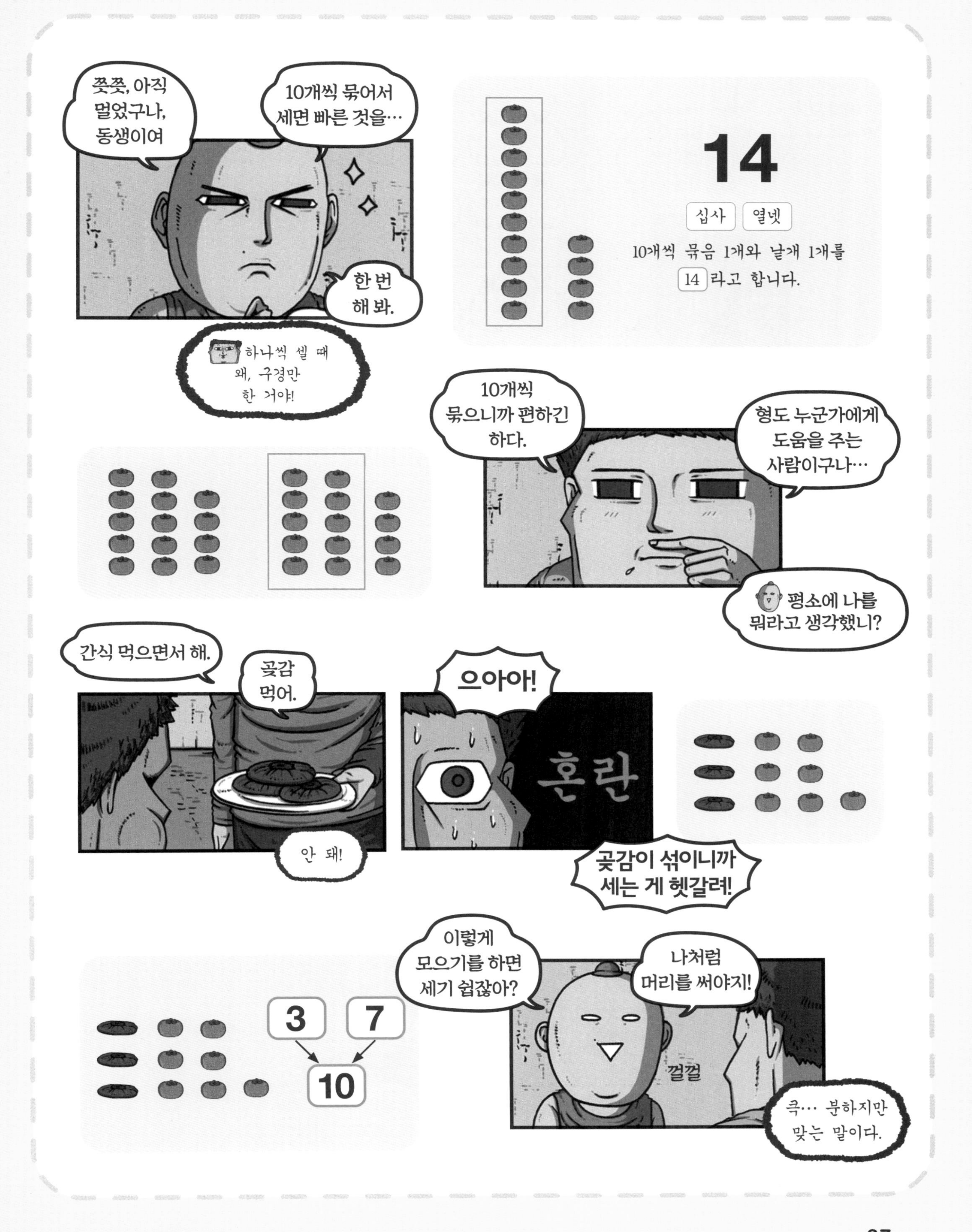
쯧쯧, 아직 멀었구나, 동생이여
10개씩 묶어서 세면 빠른 것을…
한 번 해 봐.
14
십사 열넷
10개씩 묶음 1개와 낱개 1개를 14 라고 합니다.
하나씩 셀 때 왜, 구경만 한 거야!
10개씩 묶으니까 편하긴 하다.
형도 누군가에게 도움을 주는 사람이구나…
평소에 나를 뭐라고 생각했니?
간식 먹으면서 해.
곶감 먹어.
안 돼!
으아아!
혼란
곶감이 섞이니까 세는 게 헷갈려!
3
7
10
이렇게 모으기를 하면 세기 쉽잖아?
나처럼 머리를 써야지!
껄껄
큭… 분하지만 맞는 말이다.

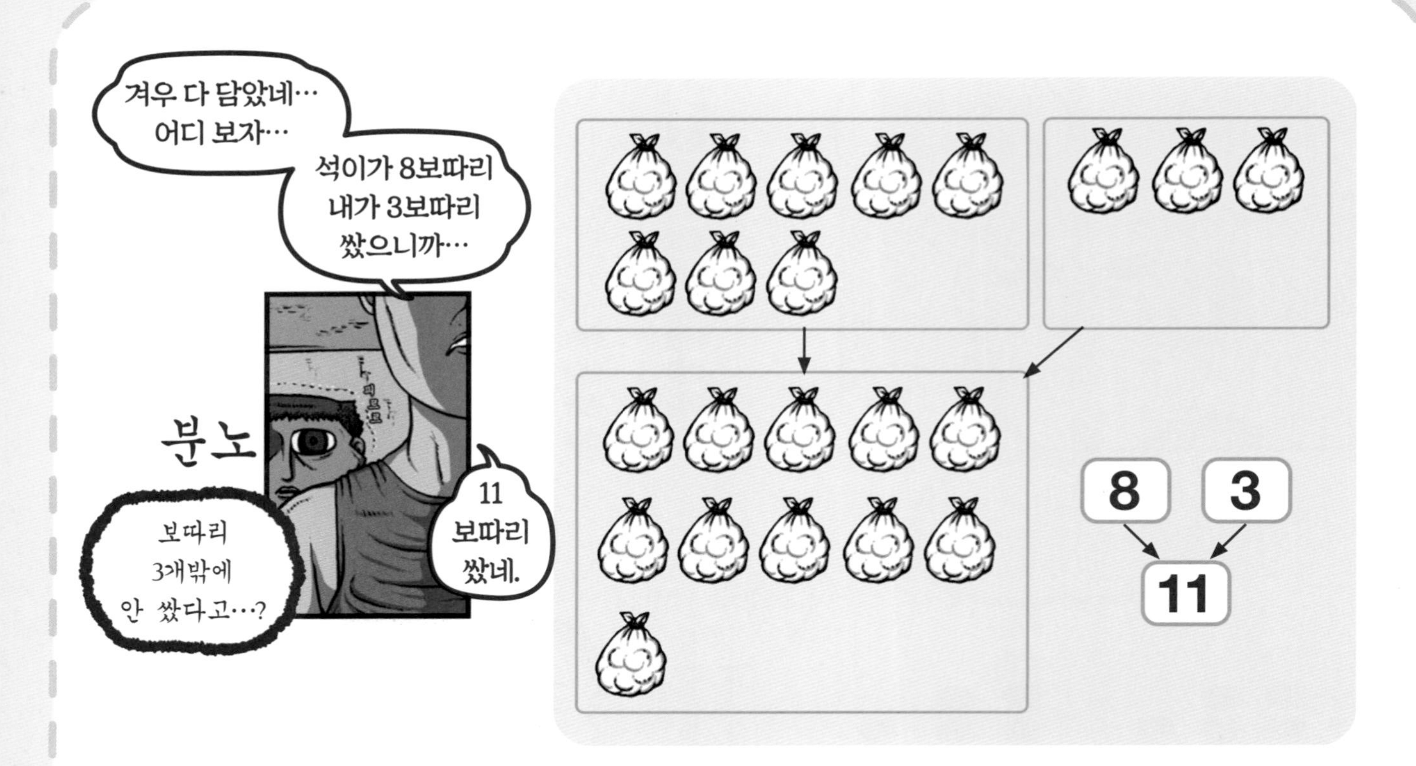
겨우 다 담았네…
어디 보자…
석이가 8보따리
내가 3보따리
쌌으니까…
11
보따리
쌌네.
분노
보따리
3개밖에
안 쌌다고…?
8
3
11

잘못 센 건 아니지?
나도 세어 볼래.

트집 잡기
10개씩
묶어 하나
남으면… 맞네.
울컥
형 좀
믿어라.
8부터 이어서 세도
11 보따리 맞잖아.

그럼 이제

이걸 어떻게 나눠 주지?

아이고야, 단단히 삐쳤네.

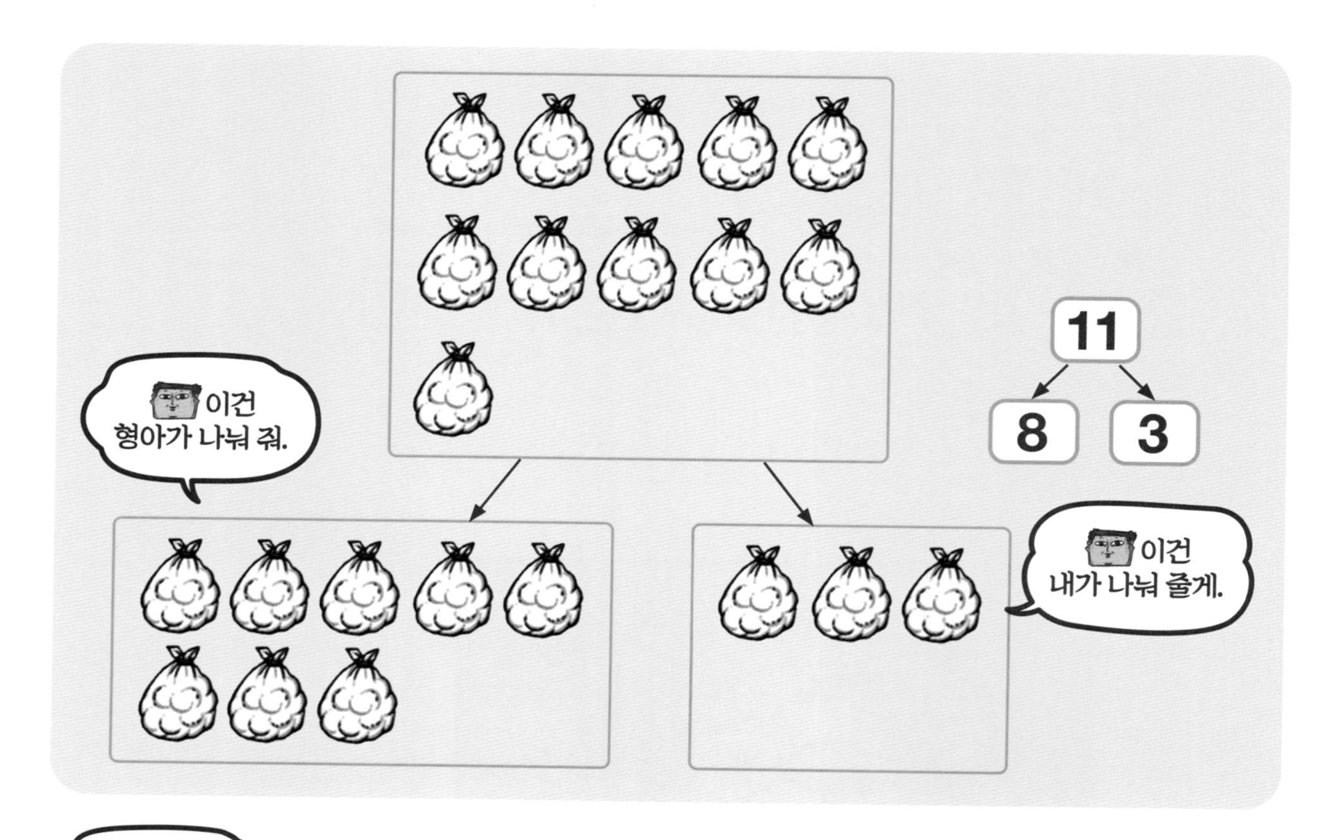

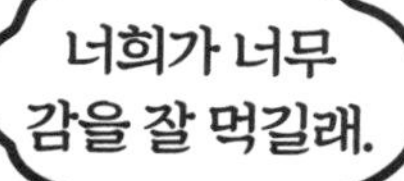

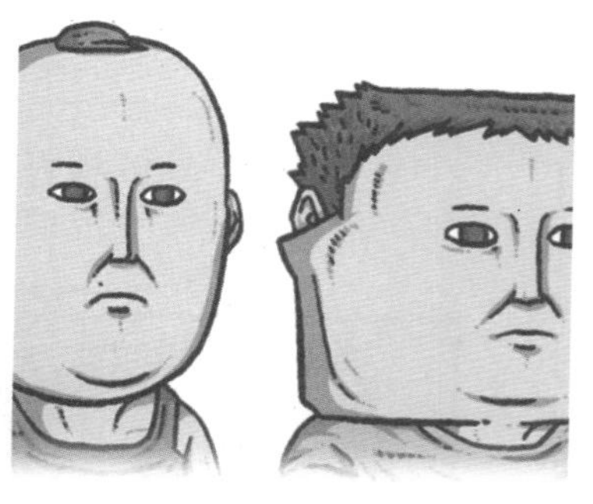

마음의 꿀팁

모으기와 가르기는 덧셈과 뺄셈의 기초야.
다양한 수를 모으기와 가르기 해 보면서 수 감각을 키우면
앞으로 배울 덧셈과 뺄셈이 더욱 재미있을 거야!

1 DAY A

10 모으기와 가르기

10을 모으고 가르는 연습은 매우 중요해.
동그라미 10개를 그리고 막대를 통해서
모으고 가르기를 해 보는 건 어떨까?

빈칸을 채우세요.

①

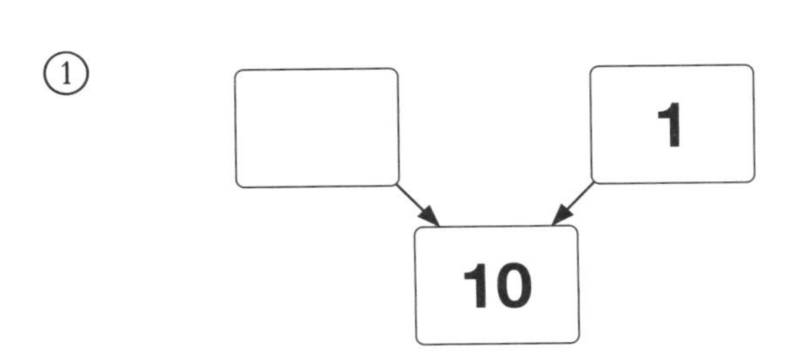

②

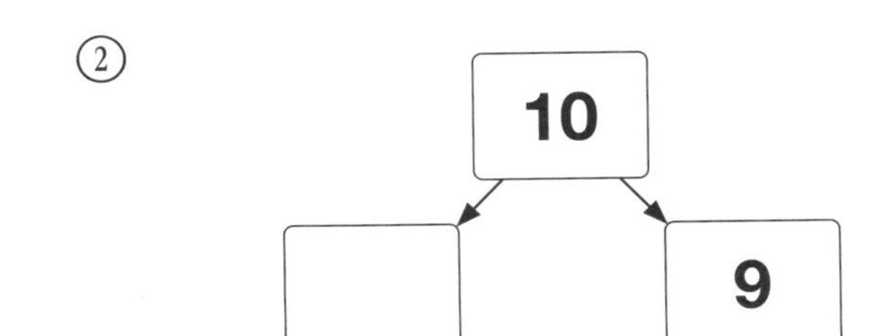

③

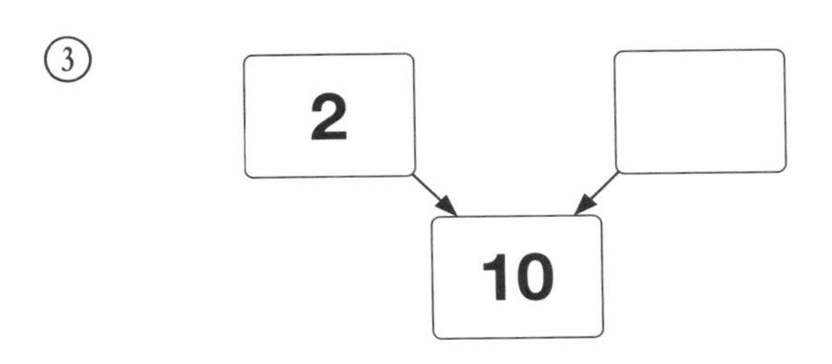

④

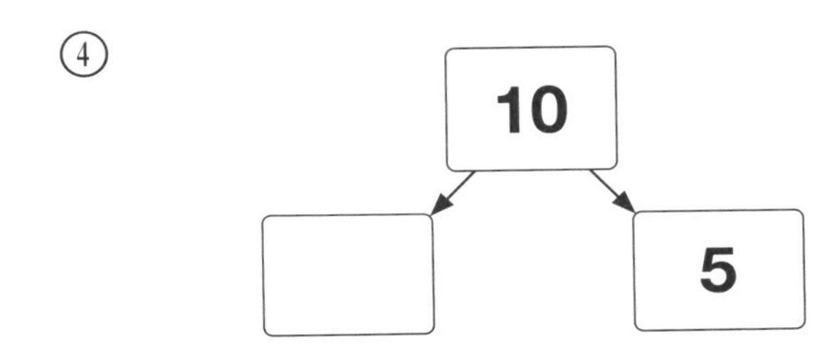

⑤

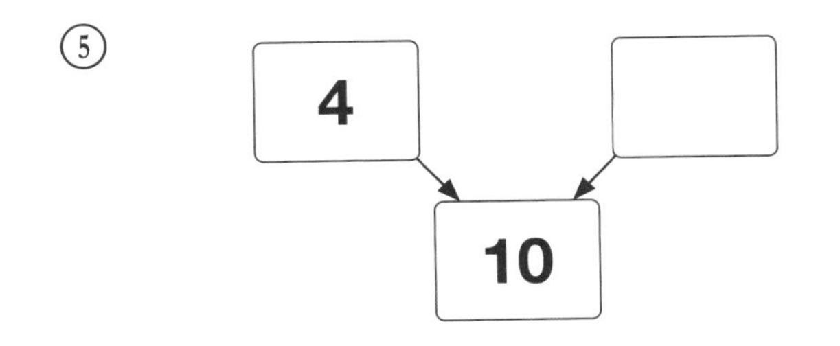

⑥

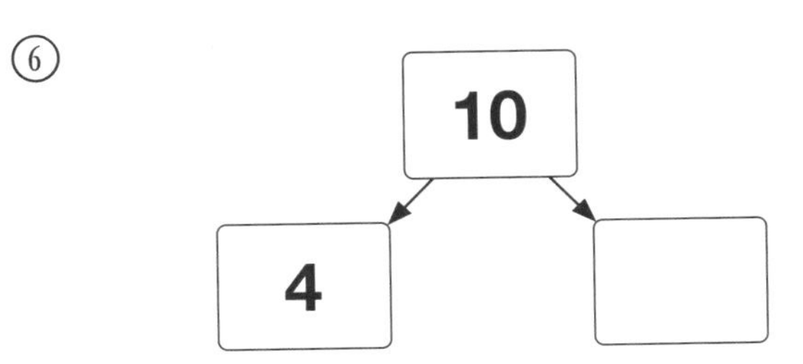

⑦

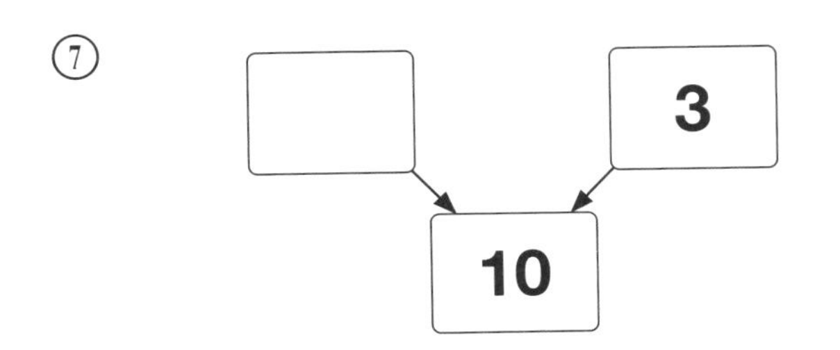

⑧

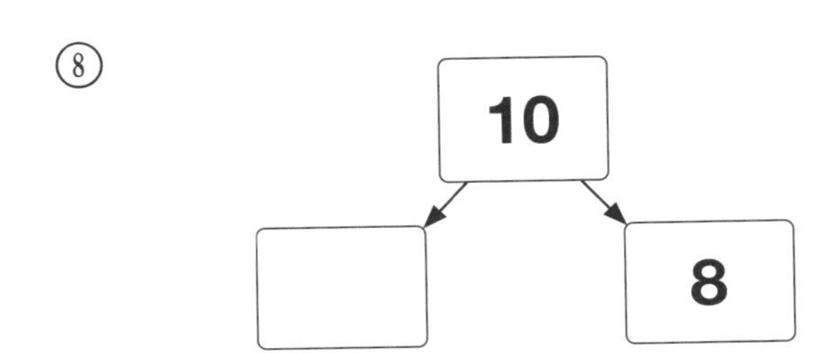

십 몇 모으기와 가르기

빈칸을 채우세요.

①
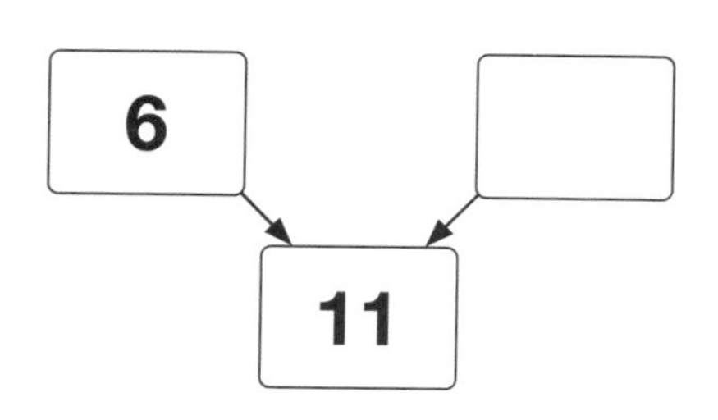

②
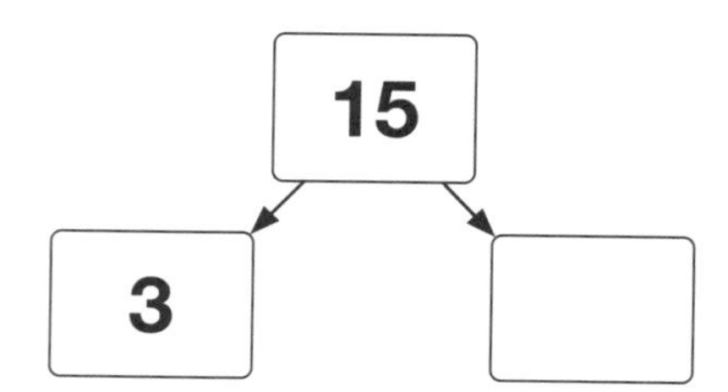

③
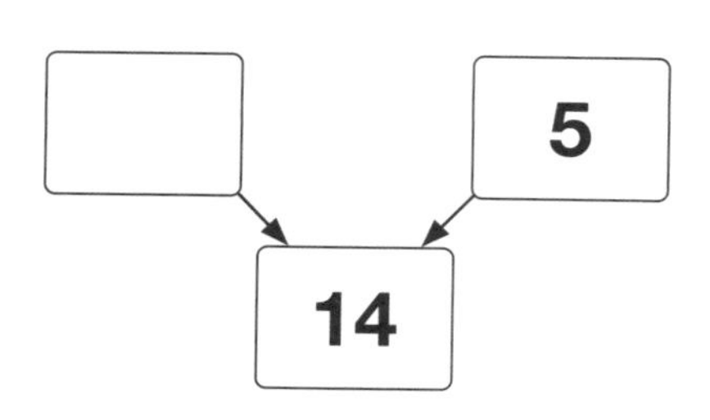

④
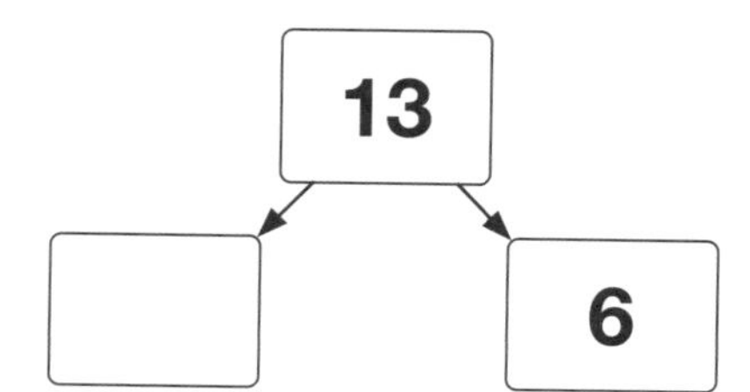

⑤
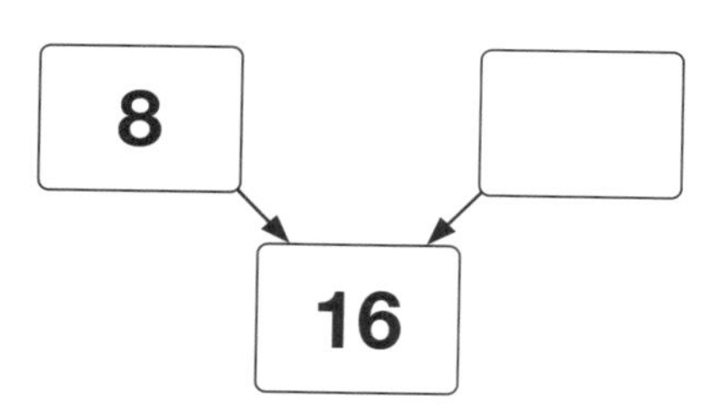

⑥
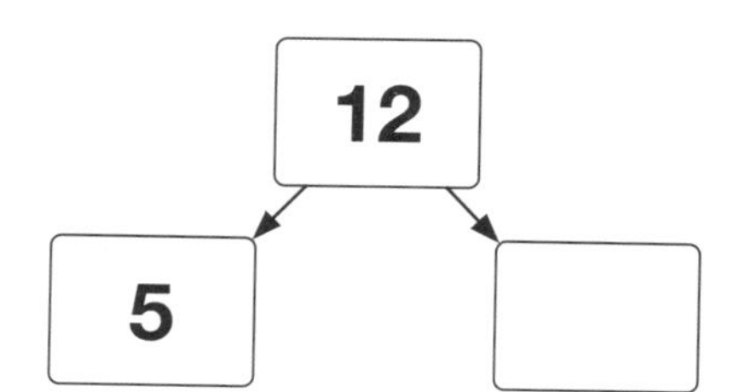

⑦
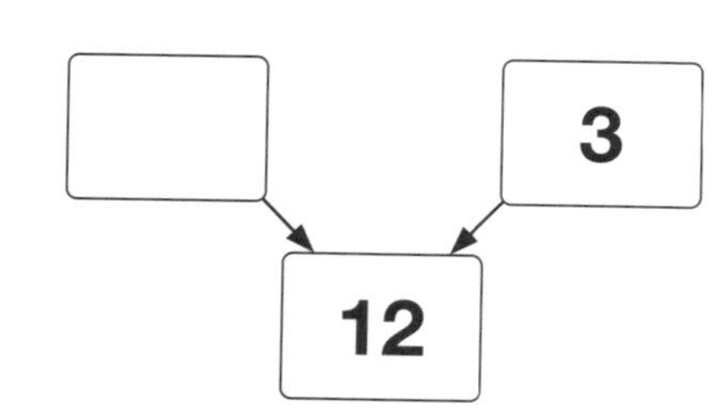

⑧
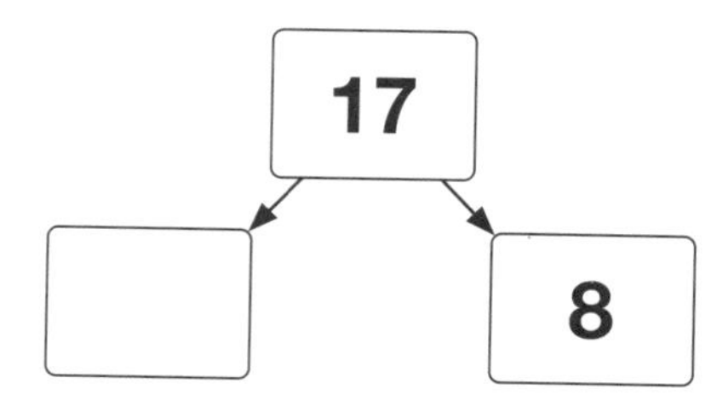

2 DAY A

십 몇 모으기와 가르기

주어진 그림의 동그라미를 세어 보고 숫자로 나타내 봐.
그리고 가르기를 해 보는 거야.
주어진 수 8만큼 동그라미를 묶어 봐.
남은 동그라미는 5개지?

주어진 수를 그림에 맞게 가르기 하세요.

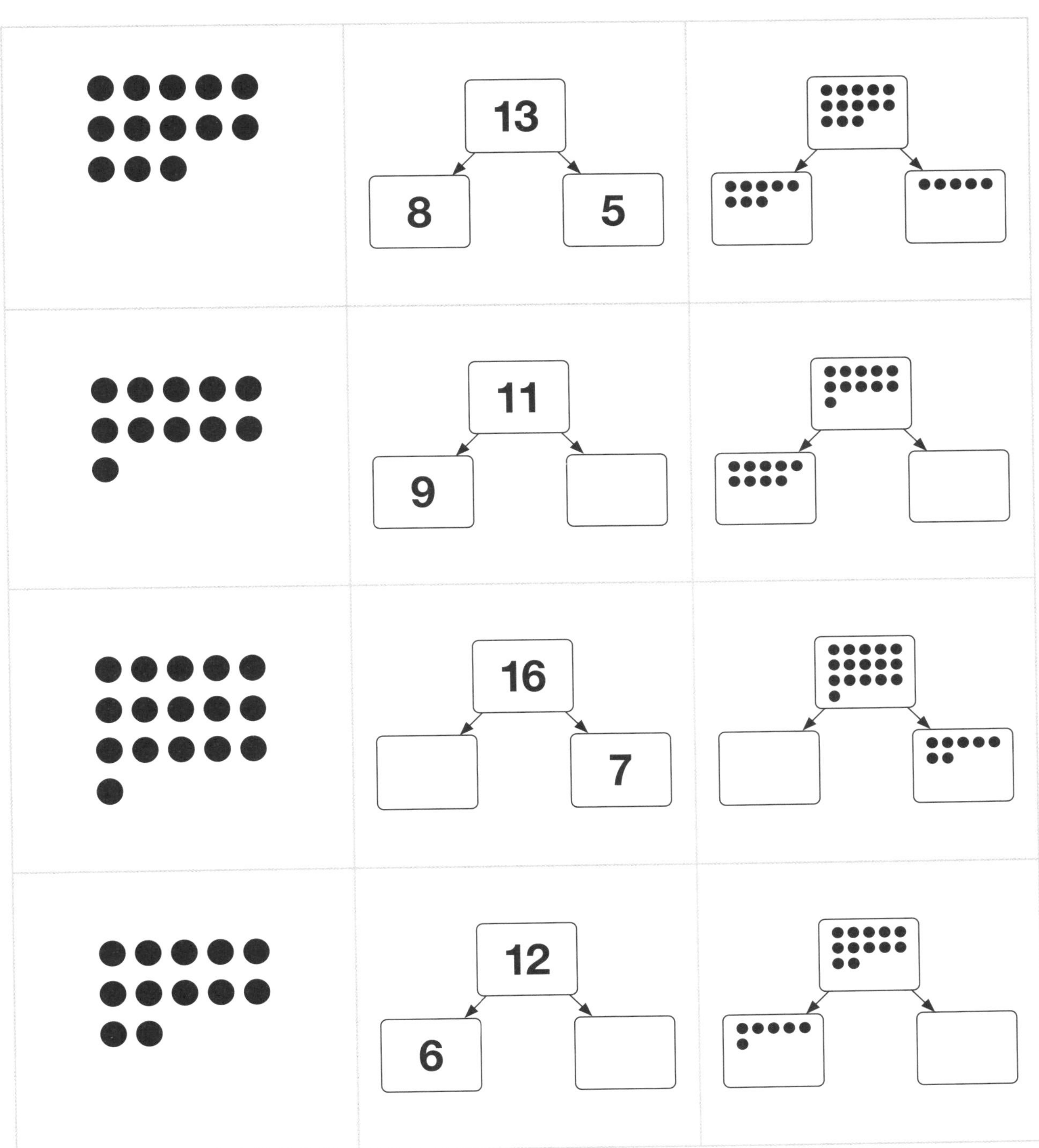

2 DAY B

십 몇 모으기와 가르기

주어진 수를 그림에 맞게 가르기 하세요.

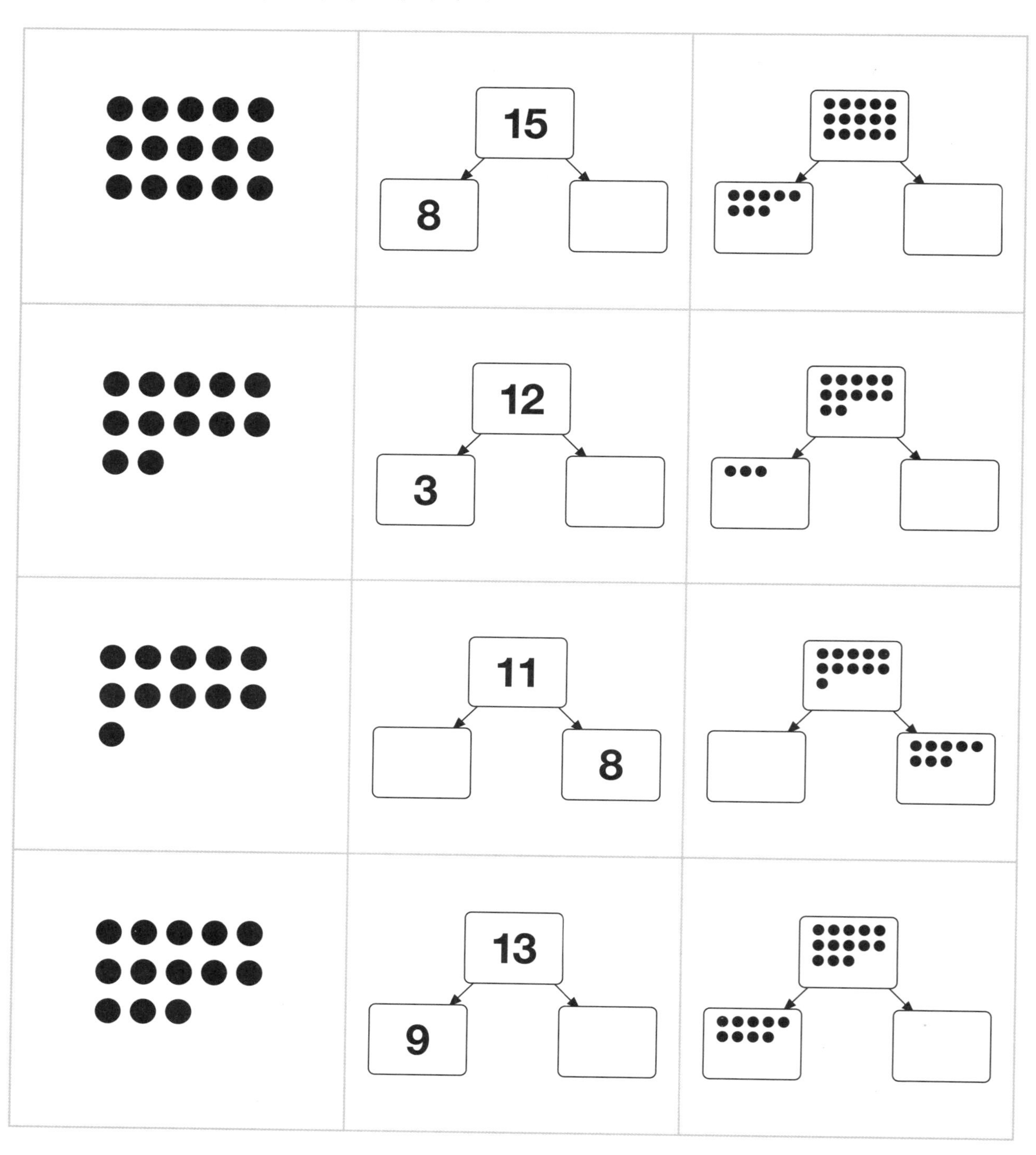

3 DAY A

그림에 맞게 가르기

주어진 그림의 동그라미를 세어 보고 숫자로 나타내 봐.
그리고 가르기를 해 보는 거야.
주어진 수만큼 동그라미를 묶어 보자.

두 가지 방법으로 동그라미를 묶어서 모으기와 가르기를 해 보세요.

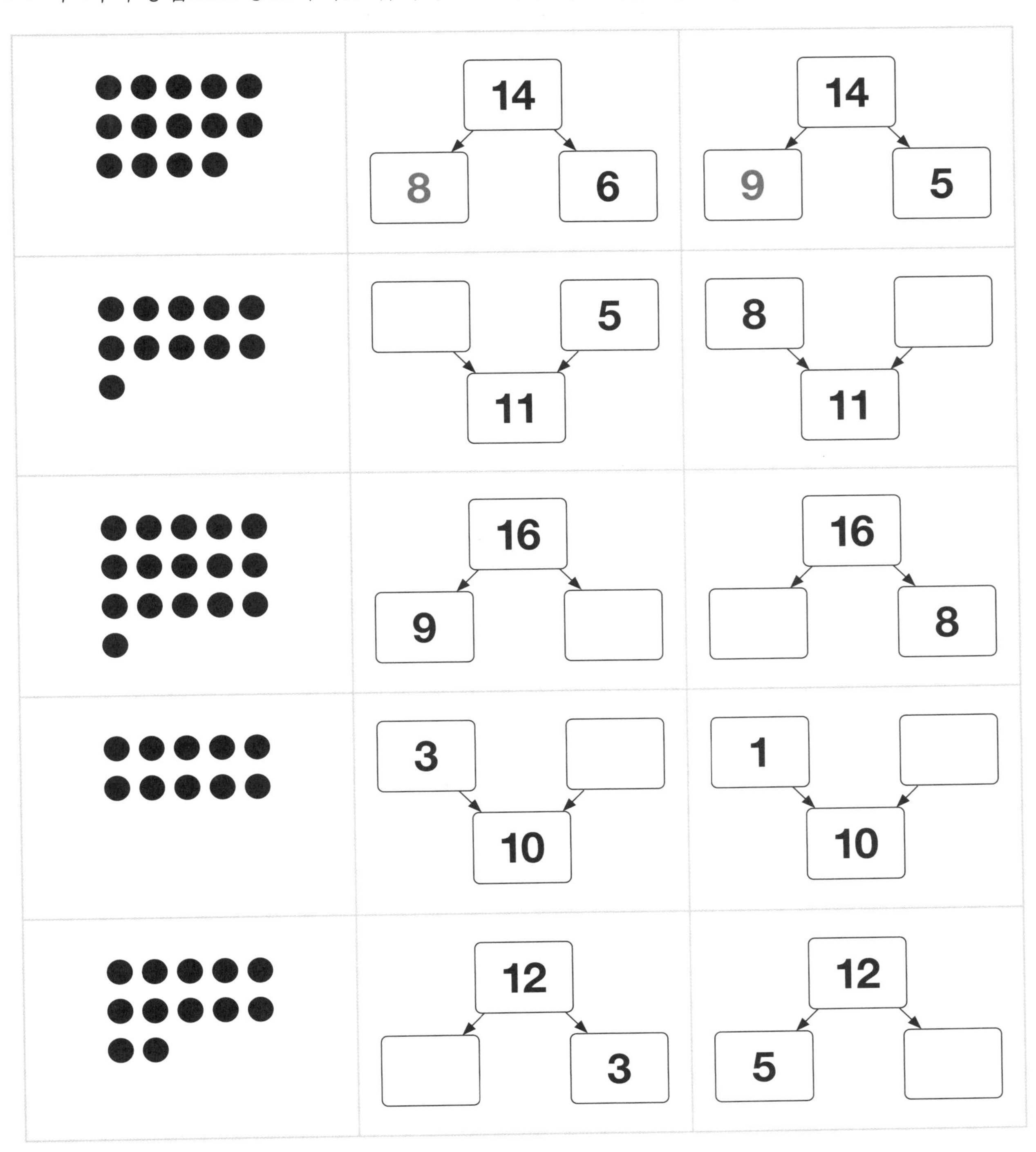

그림에 맞게 가르기

두 가지 방법으로 동그라미를 묶어서 모으기와 가르기를 해 보세요.

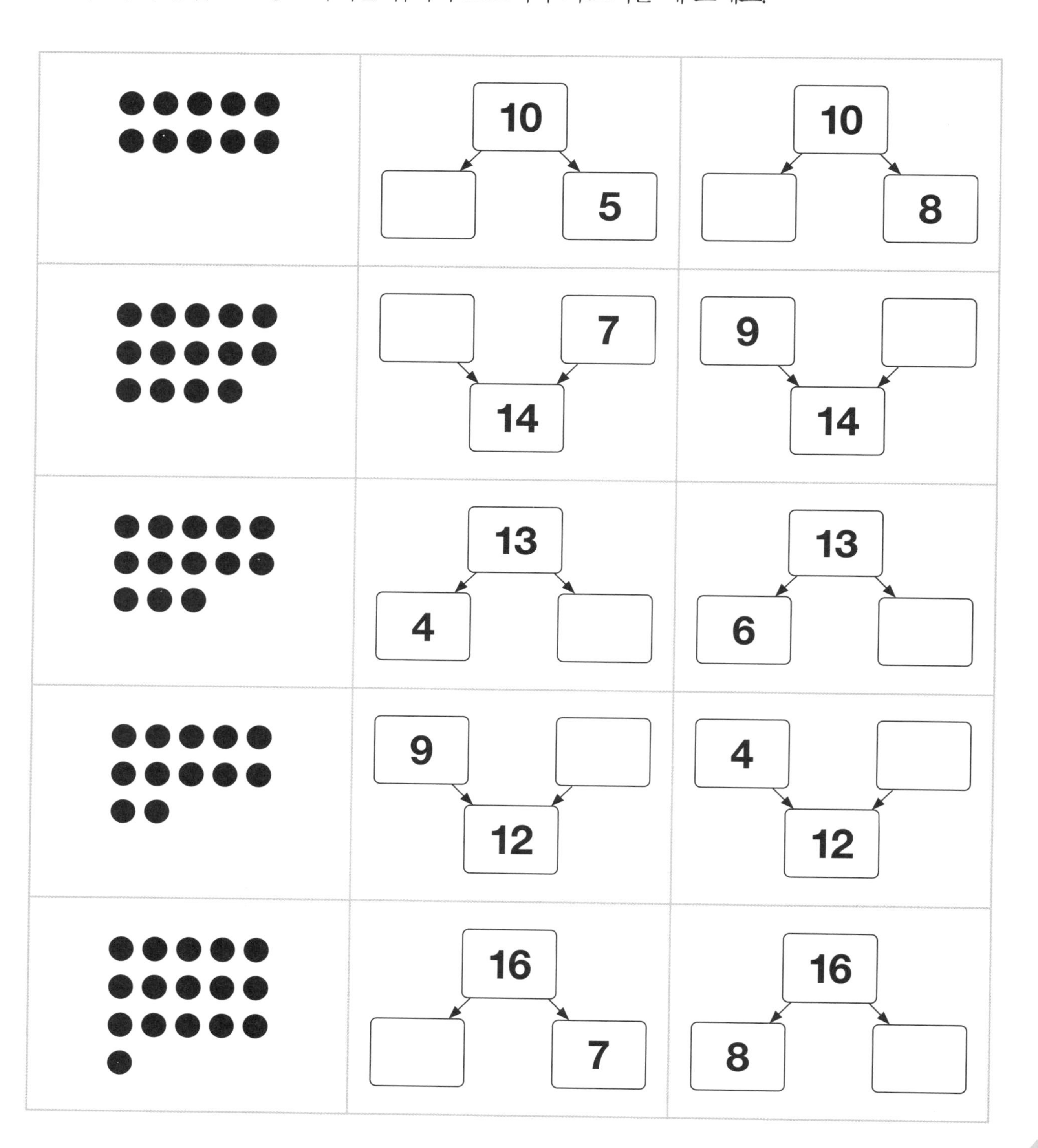

4 DAY A

가르기로 알맞은 수 찾기

9개의 구슬을 오른손과 왼손에 나눠 가졌다고 생각해 봐.
그러면 9라는 수를 가르기 한 문제가 되겠지?
9개의 구슬을 그리고 막대를 그려서 풀어 보자.

석이는 모자에 적혀 있는 만큼 구슬을 가지고 있습니다.
한쪽 손에 있는 구슬의 수를 보고 다른 한쪽에 있는 구슬의 수를 빈칸에 쓰세요.

①

②

③

④

⑤

⑥

가르기로 알맞은 수 찾기

석이는 모자에 적혀 있는 만큼 구슬을 가지고 있습니다.
한쪽 손에 있는 구슬의 수를 보고 다른 한쪽에 있는 구슬의 수를 빈칸에 쓰세요.

①

②

③

④

⑤

⑥

5 DAY A

10개 묶음과 낱개 가르기

블록 ㅂ의 개수를 세어 볼까? 하나씩 일일이 세어 볼 수도 있지만, 애봉이처럼 1번부터 6번까지 모두 2개씩 있으니까 2+2+2+2+2+2로 풀 수 있어.

다음 블록의 개수를 모두 세고 10개씩 묶음의 개수와 낱개의 개수를 각각 쓰세요.

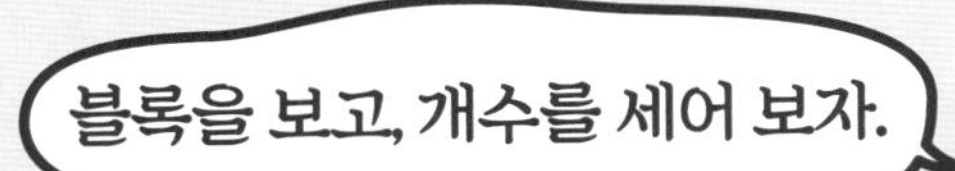

① 석이의 방법

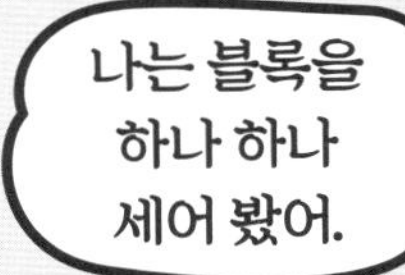

② 애봉이의 방법

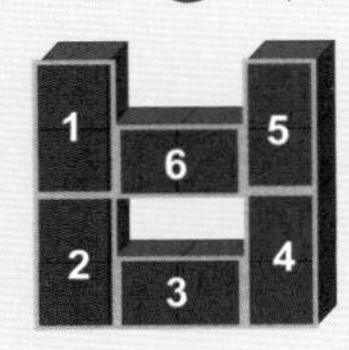

나는 블록을
2개씩 묶어서
세어 봤어.

①

12	
10개씩 묶음	낱개
1	2

②

10개씩 묶음	낱개

③

10개씩 묶음	낱개

④

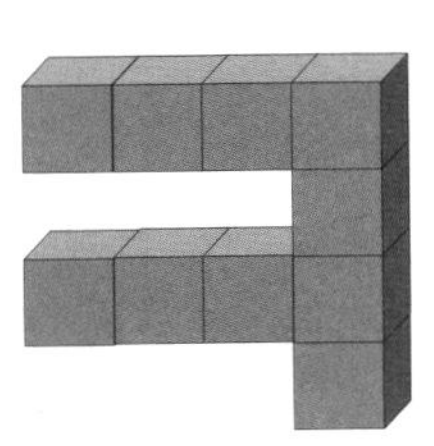

10개씩 묶음	낱개

⑤

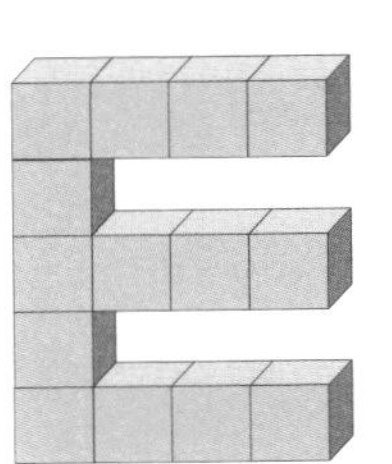

10개씩 묶음	낱개

⑥

10개씩 묶음	낱개

10개 묶음과 낱개 가르기

다음 블록의 개수를 모두 세고 10개씩 묶음의 개수와 낱개의 개수를 각각 쓰세요.

①

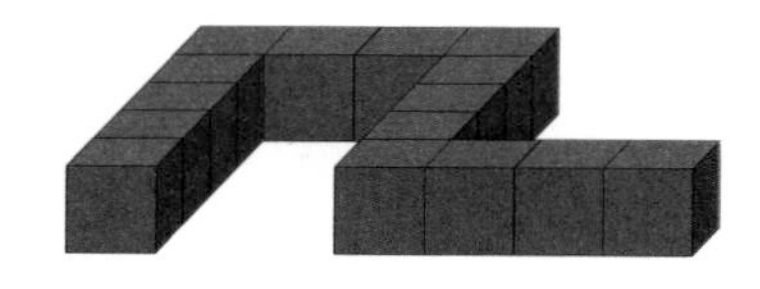

15	
10개씩 묶음	낱개
1	5

②

10개씩 묶음	낱개

③

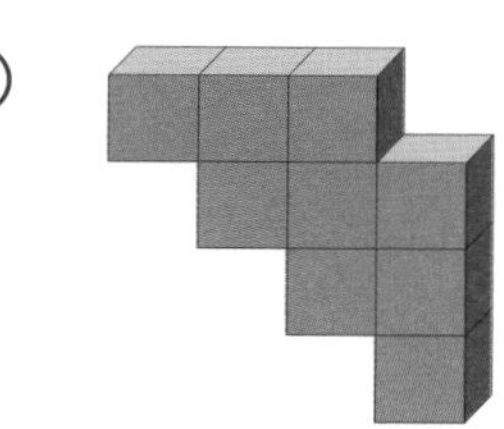

10개씩 묶음	낱개

④

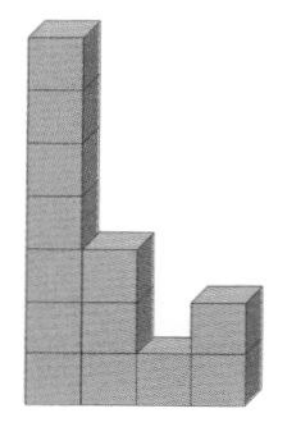

10개씩 묶음	낱개

⑤

10개씩 묶음	낱개

⑥

10개씩 묶음	낱개

⑦

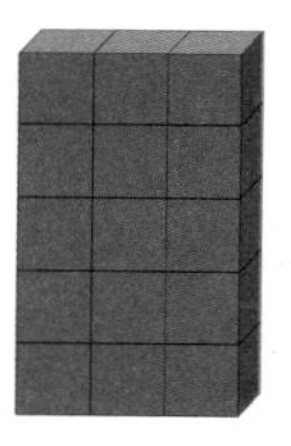

10개씩 묶음	낱개

⑧

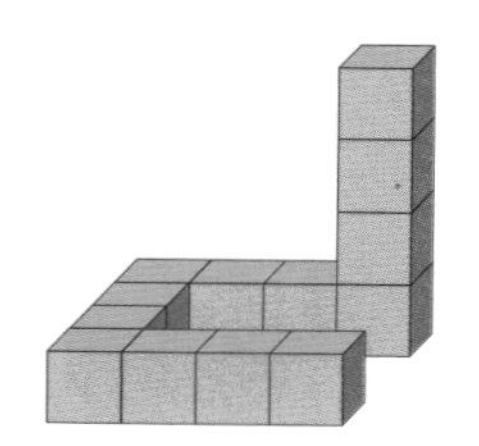

10개씩 묶음	낱개

⑨

10개씩 묶음	낱개

이야기로 풀어요

석이가 열심히 블록으로 검을 만들고 있어요.
석이가 들고 있는 검을 보자 준이 형아가 부러워해요.
그래서 형아는 석이와 똑같은 검을 만들려고 블록을 갖고 왔어요.
똑같은 검을 블록으로 만들려면
몇 개의 블록이 필요할까요?

흥! 나도 똑같이 만들 거야!
금방 만들고 오겠어!
블록이 모두 몇 개 필요하지?

10개씩 묶음	낱개

07. 이제부터 수학왕

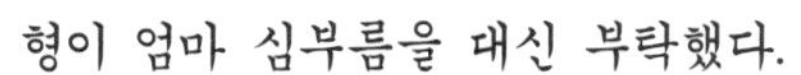
형이 엄마 심부름을 대신 부탁했다.

석아, 엄마가
시장에서 메추리알 24개
사오랬는데 너한테
대신 좀 부탁할게
- 준이 형 -
메추리알…?

2… 4…
이… 사…??

메추리알 주세요.
뭐가 이렇게 애매해
2~4개 만큼

잘못 사와서 둘 다 엄마한테 혼남

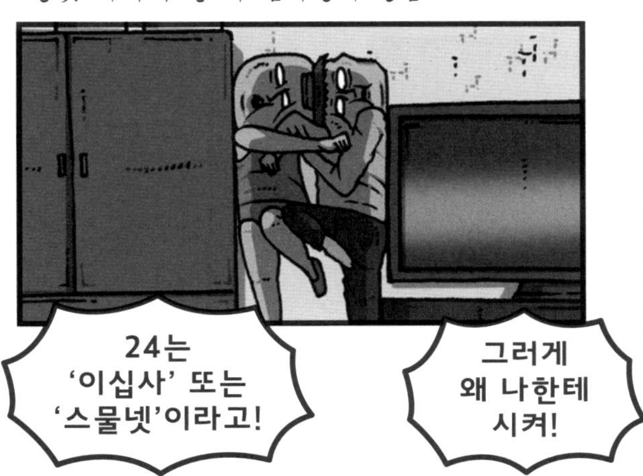

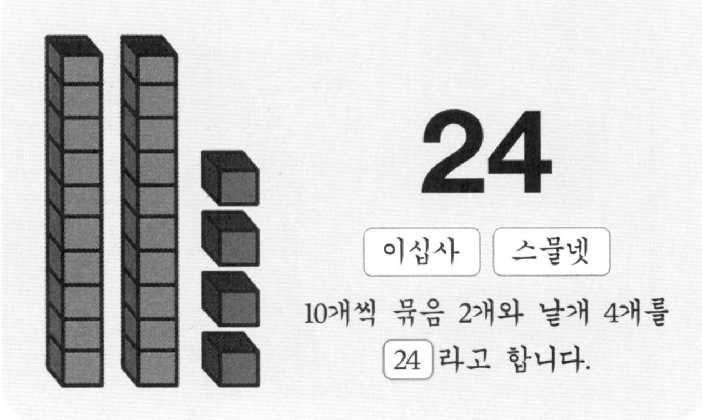

24	10개씩 묶음	낱개
	2	4

그 뒤로 나는 형에게 '수학'을 당하게 됐어.

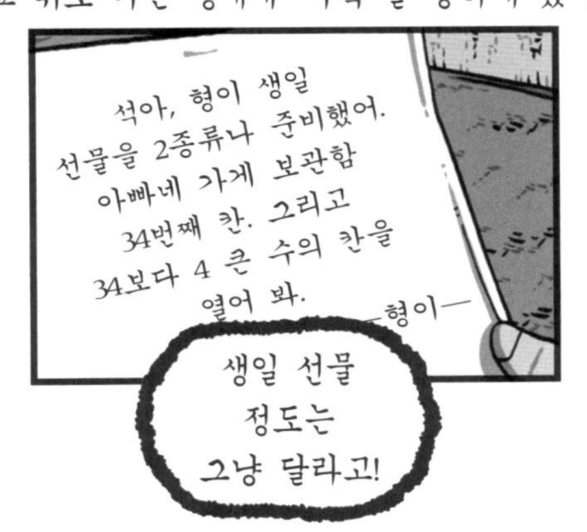

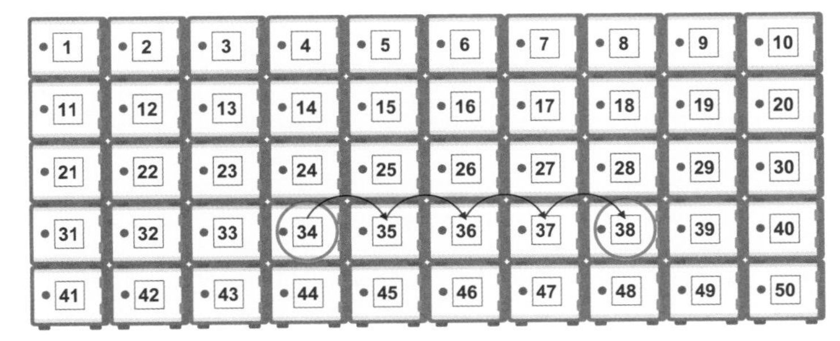

34번 칸에 들어 있는 선물

38번 칸에 들어 있는 선물

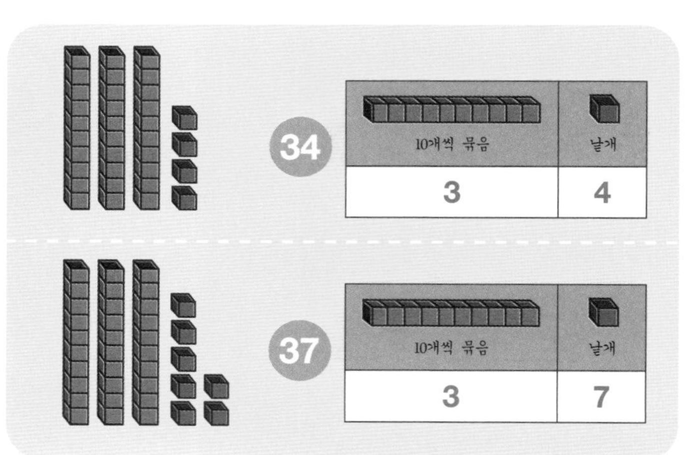

	10개씩 묶음	낱개
34	3	4
37	3	7

마음의 꿀팁

주어진 두 자리 수를 보고 10개씩 묶음, 낱개로 나눠서
생각하면 두 수를 비교하기가 편해.
10개씩 묶음은 낱개 10개가 모였다는 것을 잊지 말자.

1 DAY A

50까지의 수 묶어세기

수를 보고 10개씩 묶음과 낱개 수를 찾는 문제야.
주어진 두 자리 수의 위치를 잘 보고 적어 보자.

수를 보고 10개씩 묶음 수와 낱개 수를 적으세요.

숫자	10개씩 묶음	낱개
36	3	6
19		
41		
35		
24		
20		
44		
38		
23		
15		
31		
27		
42		
50		
26		

50까지의 수 묶어세기

수를 보고 10개씩 묶음 수와 낱개 수를 적으세요.

숫자	(10개씩 묶음)	(낱개)
22		
48		
33		
29		
14		
21		
49		
17		
34		
25		
46		
13		
32		
45		
37		

2 DAY A

수의 순서 알기

주어진 문제의 수를 보고 수 세기를 해 봐.
소리 내서 수를 세면 금방 찾을 수 있어.

빈칸 안에 알맞은 수를 써 봅시다.

①
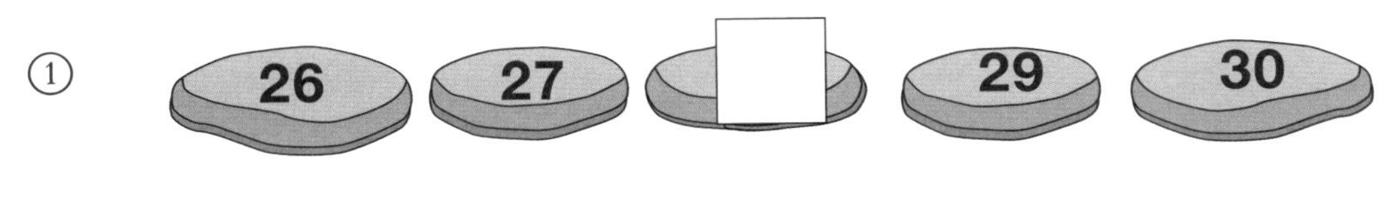

②

③

④

⑤

⑥
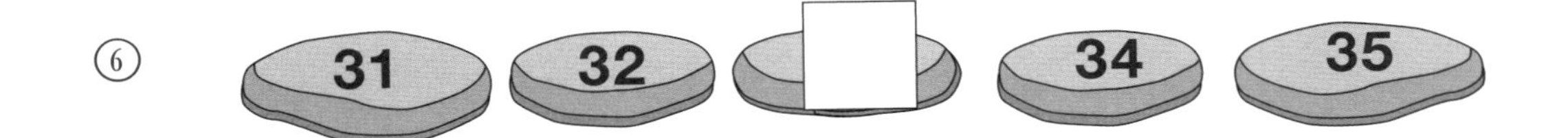

⑦
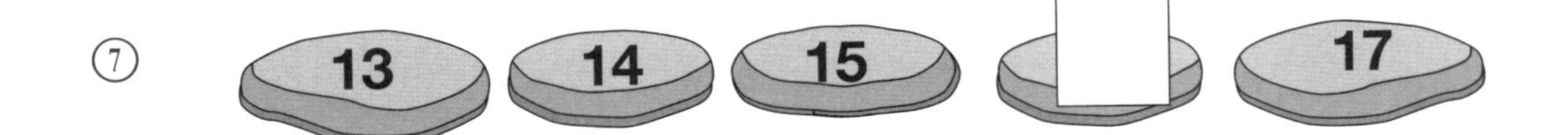

⑧
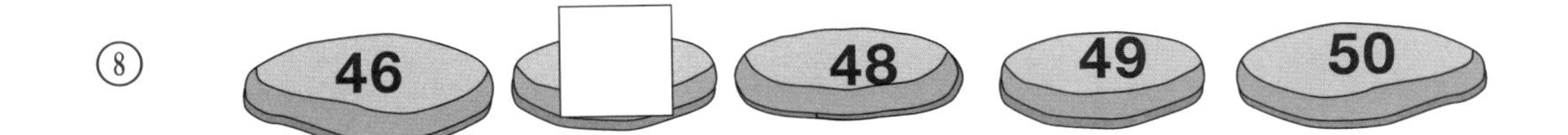

⑨
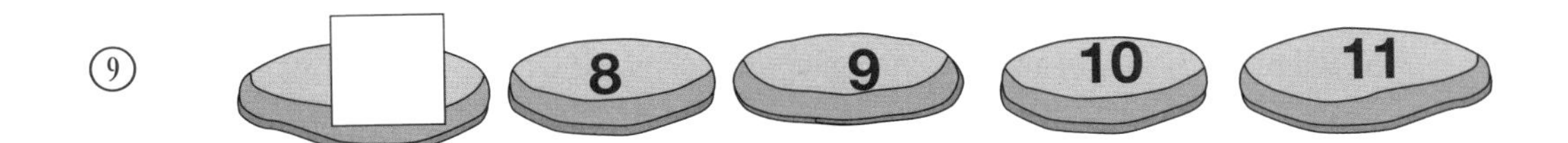

⑩

수의 순서 알기

빈칸 안에 알맞은 수를 써 봅시다.

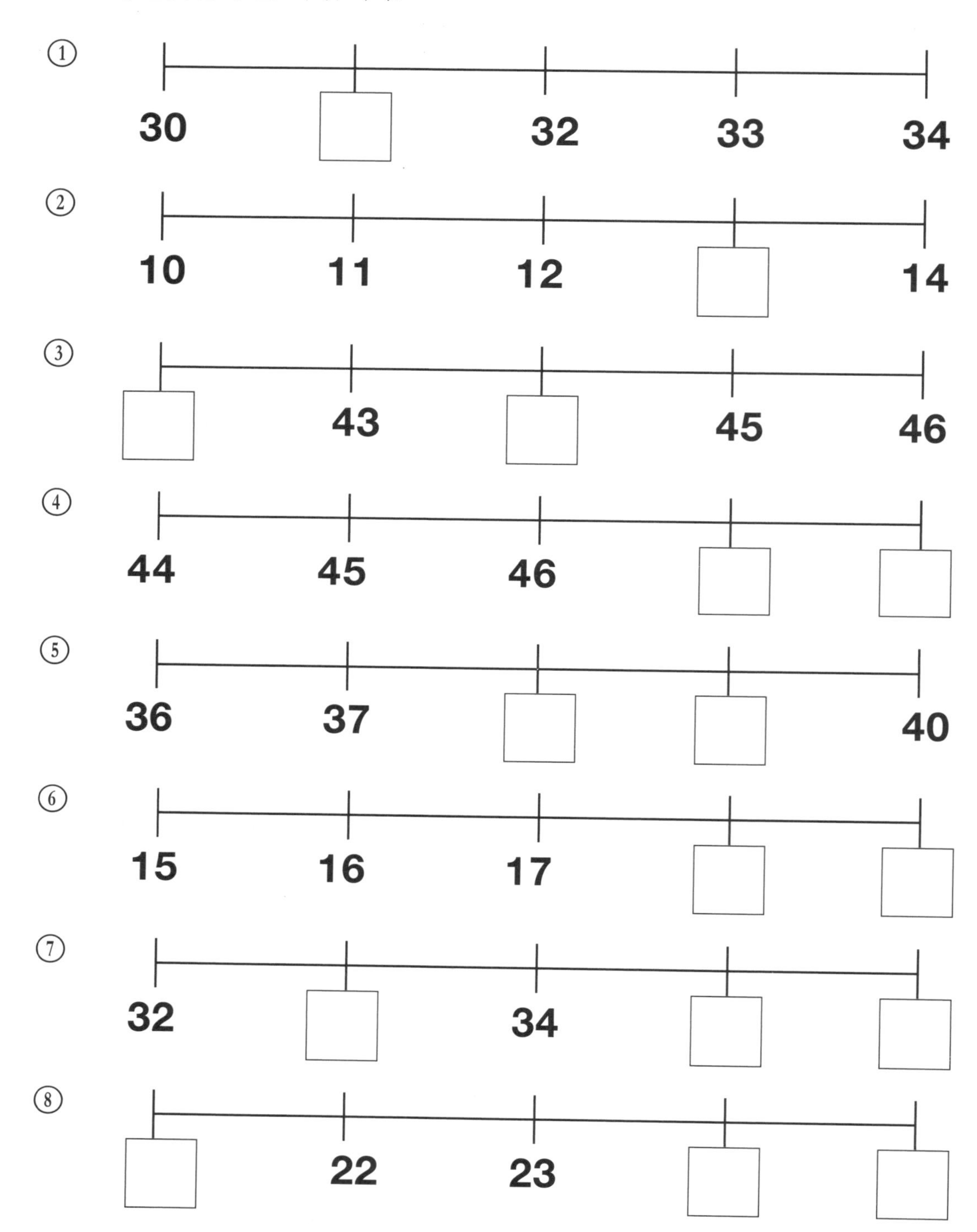

3 DAY A 두 수의 크기 비교하기

두 수의 크기를 비교할 때는 10개씩 묶음의 수를 먼저 비교해. 만약 똑같으면 낱개의 수를 비교하면 돼.

아래 표 빈칸에 알맞은 수를 쓰고 크기 비교를 하세요

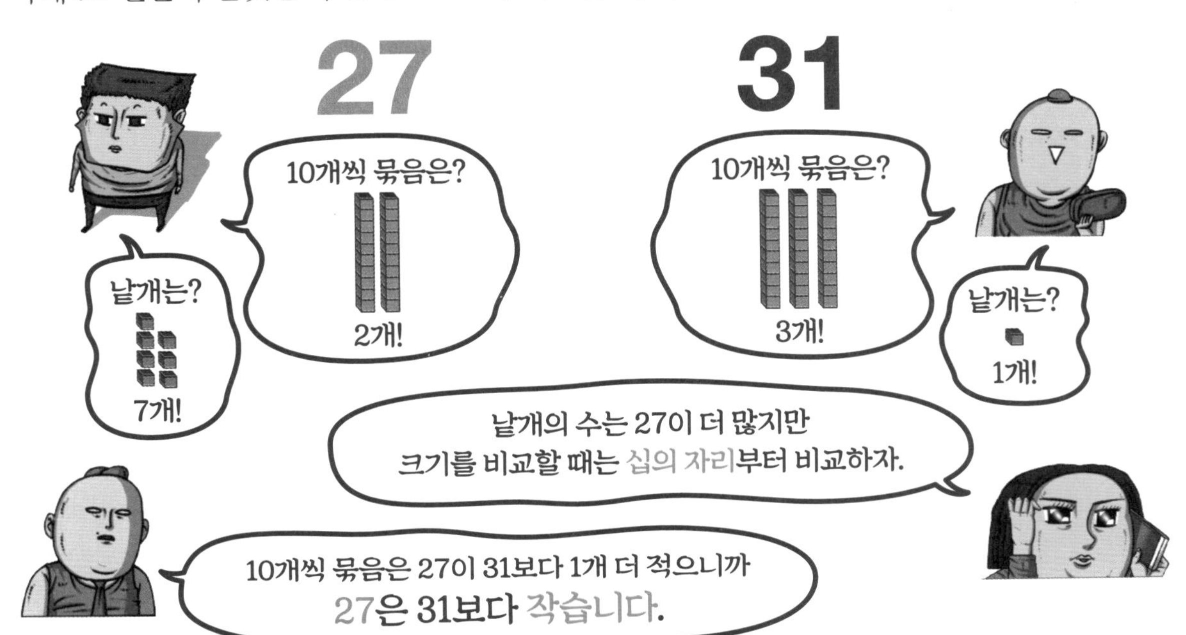

수	10개씩 묶음	낱개	크기 비교
39			39는 33보다 (큽니다, 작습니다)
33			
17			17은 27보다 (큽니다, 작습니다)
27			
49			49는 50보다 (큽니다, 작습니다)
50			
37			37은 17보다 (큽니다, 작습니다)
17			
20			20은 30보다 (큽니다, 작습니다)
30			

3 DAY B

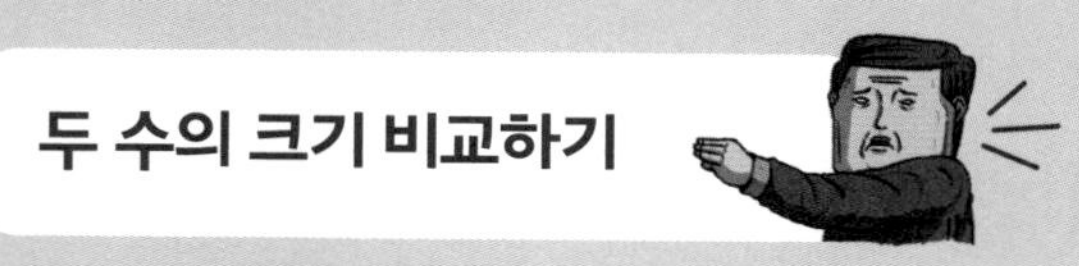

아래 표 빈칸에 알맞은 수를 쓰고 크기 비교를 하세요.

수	10개씩 묶음	낱개	크기 비교
28			28은 31보다 (큽니다, 작습니다)
31			
16			16은 22보다 (큽니다, 작습니다)
22			
45			45는 43보다 (큽니다, 작습니다)
43			
25			25는 40보다 (큽니다, 작습니다)
40			
43			43은 37보다 (큽니다, 작습니다)
37			
22			22는 20보다 (큽니다, 작습니다)
20			
14			14는 41보다 (큽니다, 작습니다)
41			
34			34는 24보다 (큽니다, 작습니다)
24			
48			48은 50보다 (큽니다, 작습니다)
50			

4 DAY A 순서대로 쓰기

6개 수 중에서 가장 작은 수를 찾고 그다음 큰 수를 하나씩 차근차근 찾아보자! 가장 큰 수를 찾고 그다음 작은 수를 찾아도 돼.

작은 수부터 순서대로 쓰세요.

21, 14, 17, 20, 36, 44	14, 17, 20, 21, 36, 44
3, 12, 50, 39, 33, 30	
31, 11, 34, 22, 35, 39	
10, 50, 32, 40, 20, 30	
48, 32, 22, 31, 30, 23	
10, 9, 2, 23, 30, 47	
33, 20, 11, 24, 28, 31	
1, 11, 21, 49, 30, 29	
9, 20, 13, 28, 36, 49	
44, 43, 39, 21, 19, 13	

순서대로 쓰기

작은 수부터 순서대로 쓰세요.

17, 25, 19, 30, 43, 3	
49, 15, 5, 33, 44, 22	
31, 35, 29, 14, 3, 8	
28, 13, 5, 18, 41, 9	
11, 37, 42, 21, 6, 19	
4, 26, 27, 16, 35, 48	
12, 9, 25, 11, 20, 7	
45, 39, 50, 24, 13, 19	
25, 10, 29, 37, 41, 18	
14, 34, 26, 31, 40, 50	

5 DAY A

숫자 찾기

소리 내서 수를 읽고 빈칸에 들어갈 수를 찾자.
표를 그리면 수의 크기를 쉽게 비교할 수 있어.

아래 빈칸에 들어갈 수를 쓰시오.

1		3	4	5		7	8	9	10
11	12	13		15	16	17	18	19	
21	22	23	24		26	27	28		30
31		33	34	35	36	37		39	40
41	42	43	44	45		47	48		50

① 39보다 1 작은 수를 쓰시오. ______

② 19보다 1 큰 수를 쓰시오. ______

③ 3보다 1 작은 수를 쓰시오. ______

④ 48보다 1 큰 수를 쓰시오. ______

⑤ 26보다 1 작은 수를 쓰시오. ______

⑥ 45보다 1 큰 수를 쓰시오. ______

⑦ 15보다 1 작은 수를 쓰시오. ______

⑧ 31보다 1 큰 수를 쓰시오. ______

⑨ 7보다 1 작은 수를 쓰시오. ______

⑩ 28보다 1 큰 수를 쓰시오. ______

5 DAY B

숫자 찾기

아래 빈칸에 들어갈 수를 쓰시오.

1		3	4	5	6	7		9	10
11		13	14	15			18	19	20
21	22	23		25	26	27		29	30
	32	33	34	35		37	38	39	40
41	42	43	44	45	46	47		49	50

① 13보다 1 작은 수를 쓰시오. ______

② 1보다 1 큰 수를 쓰시오. ______

③ 25보다 1 작은 수를 쓰시오. ______

④ 15보다 1 큰 수를 쓰시오. ______

⑤ 29보다 1 작은 수를 쓰시오. ______

⑥ 7보다 1 큰 수를 쓰시오. ______

⑦ 18보다 1 작은 수를 쓰시오. ______

⑧ 35보다 1 큰 수를 쓰시오. ______

⑨ 32보다 1 작은 수를 쓰시오. ______

⑩ 47보다 1 큰 수를 쓰시오. ______

이야기로 풀어요

석이가 치킨 집 쿠폰을 50개까지 열심히 모았어요.
그런데 학교 끝나고 와 보니 쿠폰 10개가 사라졌어요.
여러분이 빈 곳에 번호를 알맞게 적어주세요.

1	2	3	4		6	7	8	9	10
11	12	13	14	15	16	17		19	20
21	22	23	24		26	27	28		30
31		33	34	35	36		38		40
41	42	43			46	47	48	49	

안 돼!!!
내 치킨 쿠폰
갖고 간 사람 누구야!

석이는 50까지의 수 모르니까
몇 개가 없어졌는지 모를 거야.
쿠폰 10개면 치킨 한 마리니까
빨리 먹으러 가야지.

08. 무서운 빵집 이야기

그날은… 내가 빵을 5개 사간 날이었어…

근데 먹기 전에 손 씻으러 갔다 왔더니

5개였던 빵 중 2개가 없어진 거야…!

세상에…
5-2라니…
그럼 먹을 수 있는
빵이 3개뿐…!?
정말 무섭다…!
빵을 전부 못 먹어서
무서운 거야!?

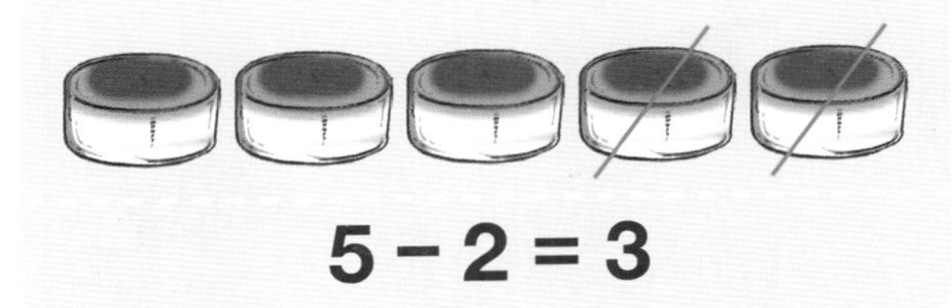
5 - 2 = 3

아냐, 섣부른
판단은 일러!
수직선으로도
확인해 보자.
5-2니까 5에서
뒤로 2칸 더 가면…
역시 3개밖엔
안 남아…!
남은 빵
개수가 그렇게
중요한가!

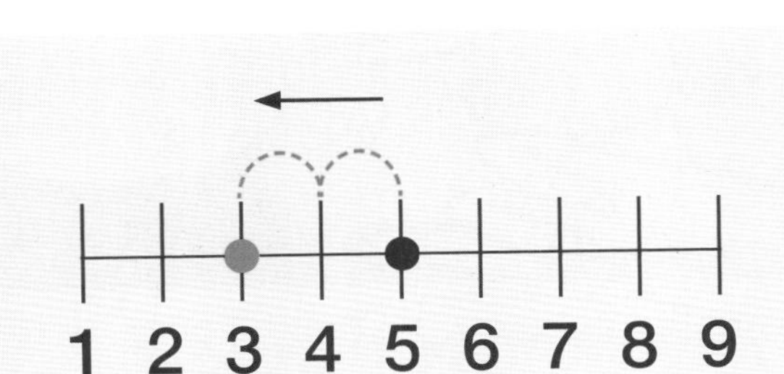
1 2 3 4 5 6 7 8 9

이번엔
감동적인
얘기를 해 줄게.
이것도 내가
빵 샀을 때
얘긴데…

그날도… 내가 빵을 5개 사간 날이었어…
이상하네.
왜 이렇게
무겁지?
그런데 어쩐지 이상하게 무거운 거야…!

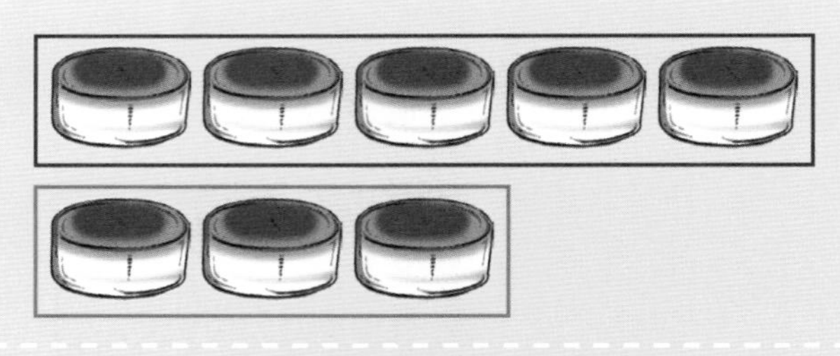

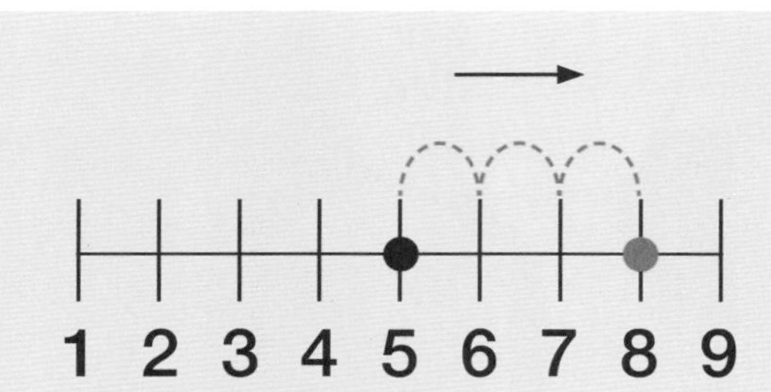

마음의 꿀팁

이제까지 공부한 덧셈과 뺄셈을 다시 공부해 보자!
다양한 풀이 방법을 활용해서 문제를 풀다 보면
어느새 너는 수학왕!

3개로 가르기

3개로 나눠야 하기 때문에 막대는 2개가 필요해.
차분히 막대를 하나씩 그려 보자!

막대를 그려서 가르기를 하고 빈칸에 동그라미를 채워 넣으세요.

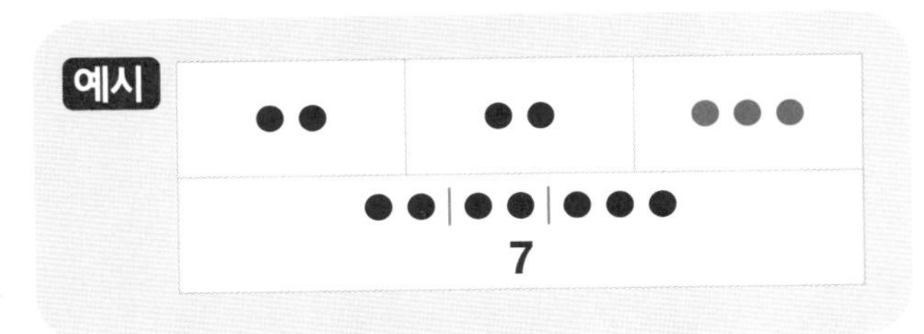

①
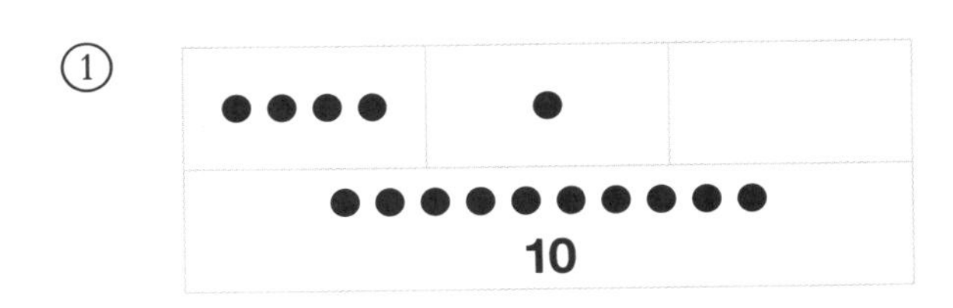

②
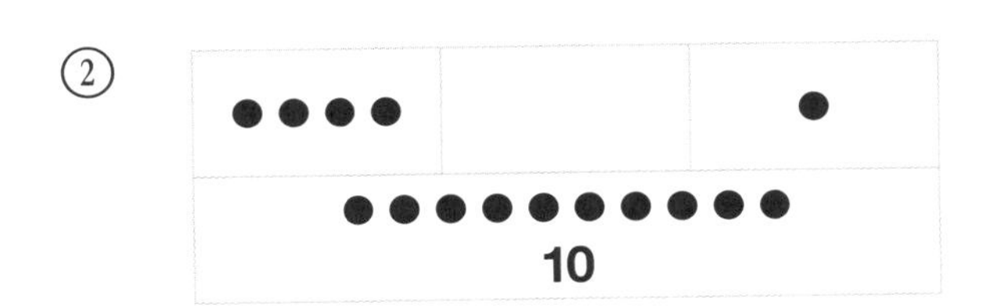

③
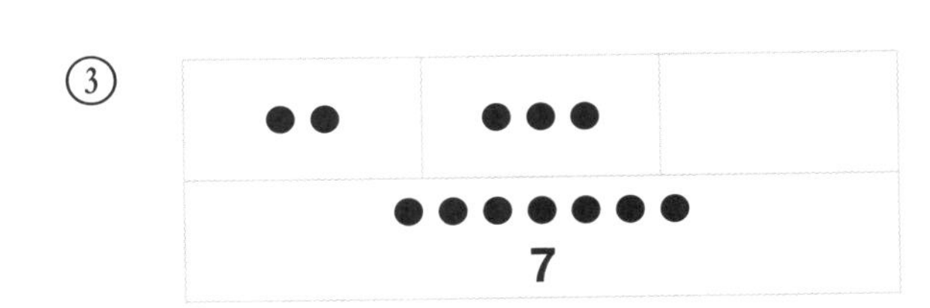

④
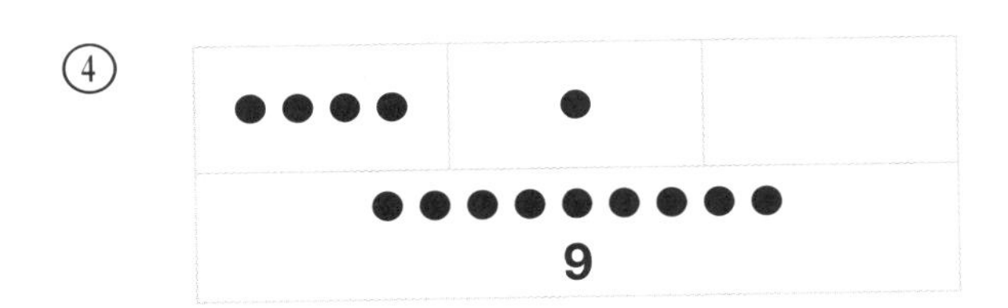

⑤

⑥
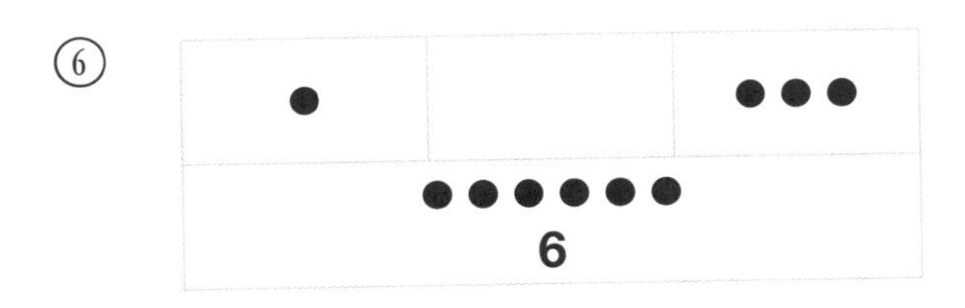

⑦
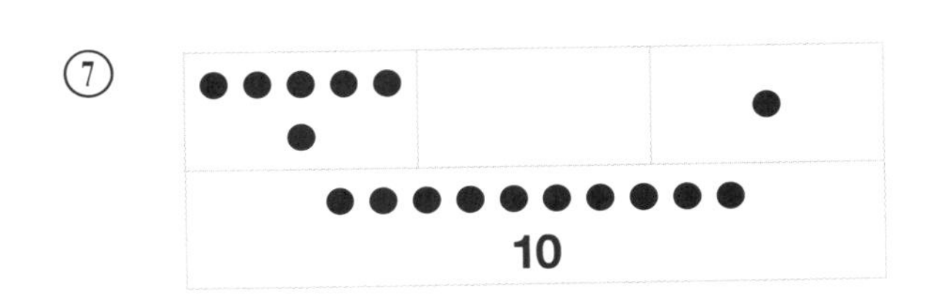

⑧
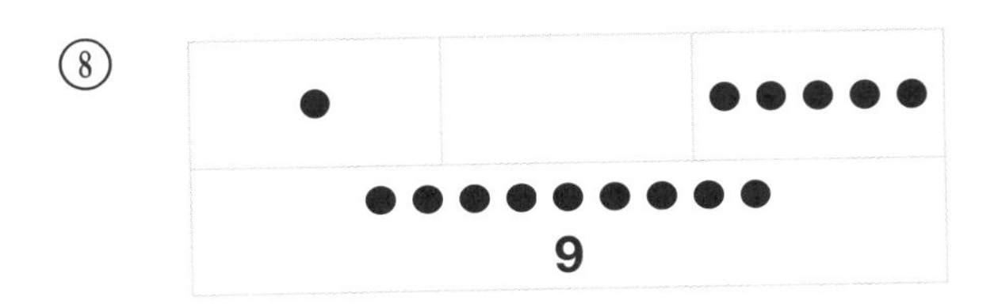

⑨
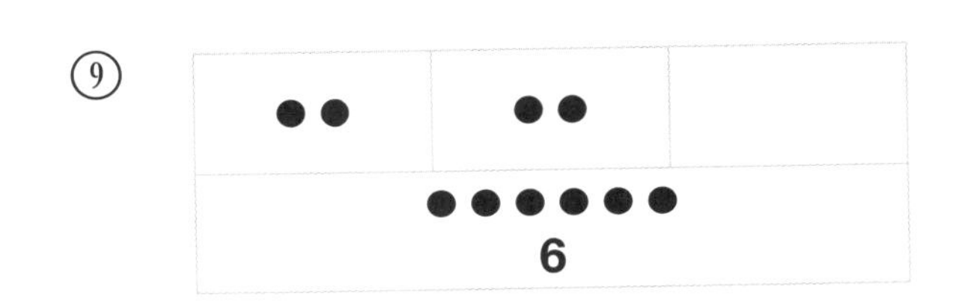

1 DAY B

3개로 가르기

막대를 그려서 가르기를 하고 빈칸에 동그라미를 채워 넣으세요.

①
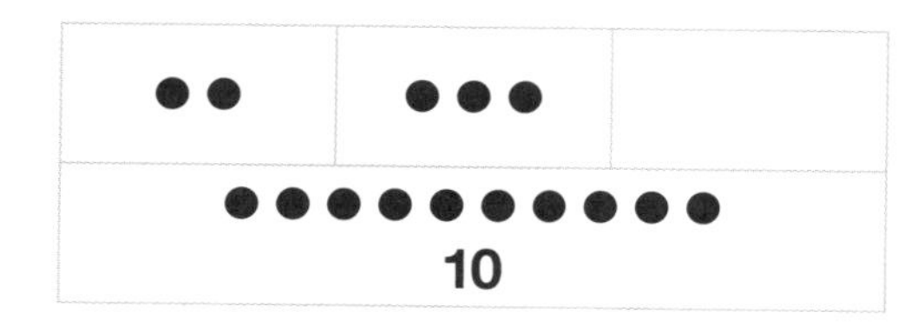

②

③
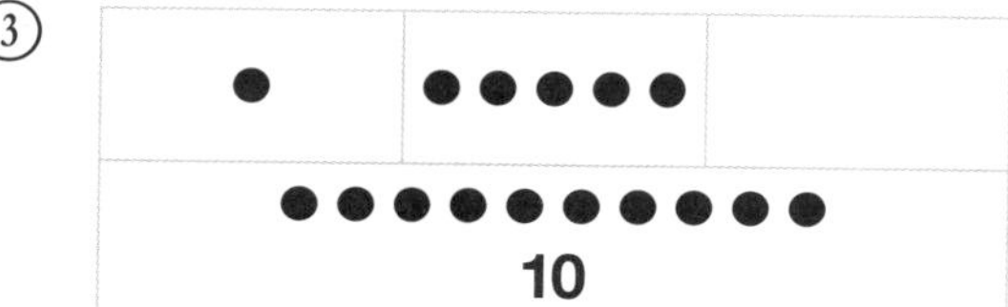

④
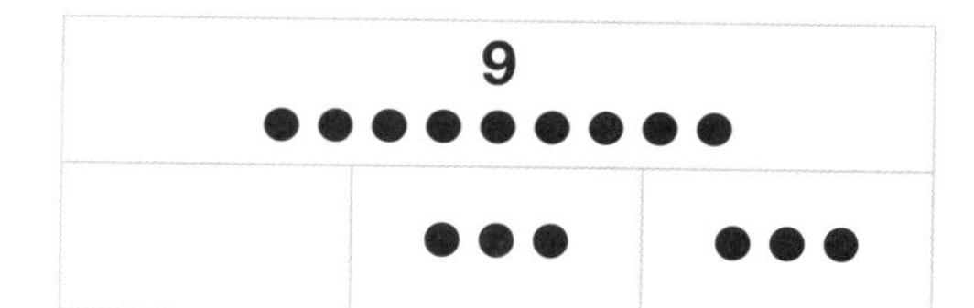

⑤

⑥
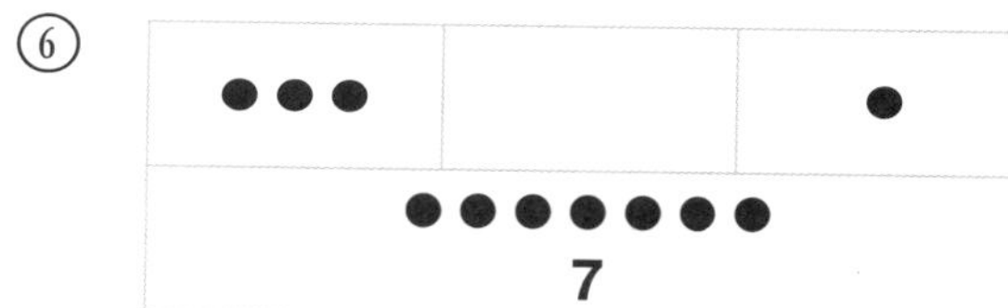

⑦
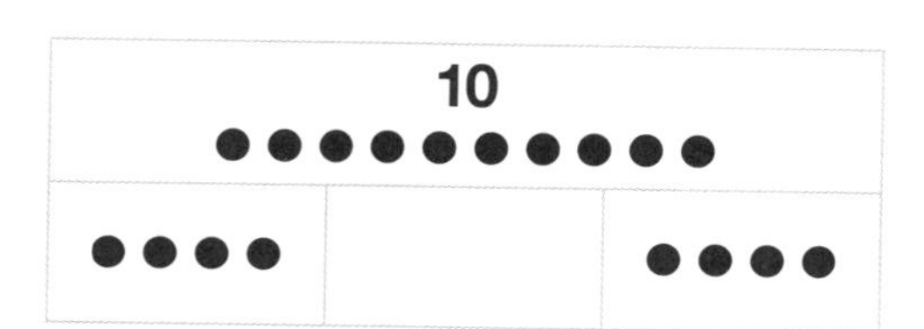

⑧
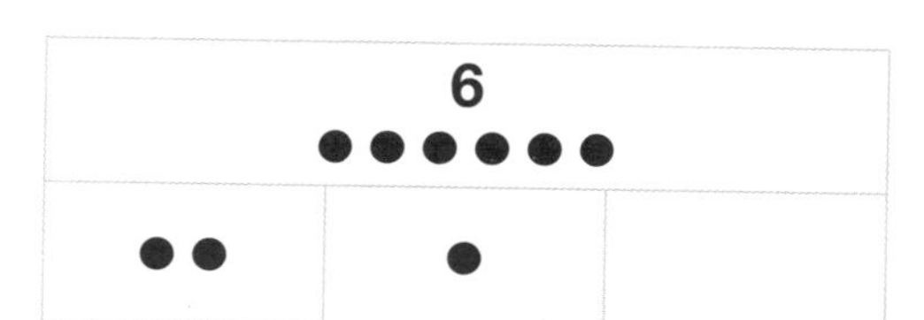

⑨
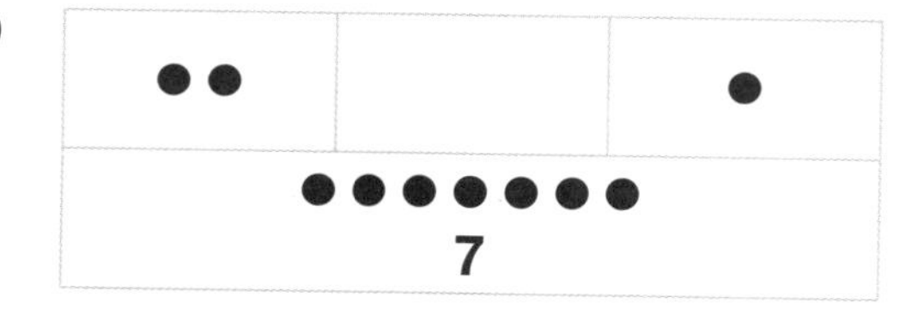

⑩

●		●●
●●●● 4		

2 DAY A

수직선으로 덧셈식 계산하기

수직선은 매우 중요해!
주어진 덧셈식을 보고 한 칸씩 점프해서 세어 보자!

□+●을 계산할 때 수직선에 □를 찾아 동그라미를 그리고 ●만큼 이동해서 덧셈을 계산하시오.

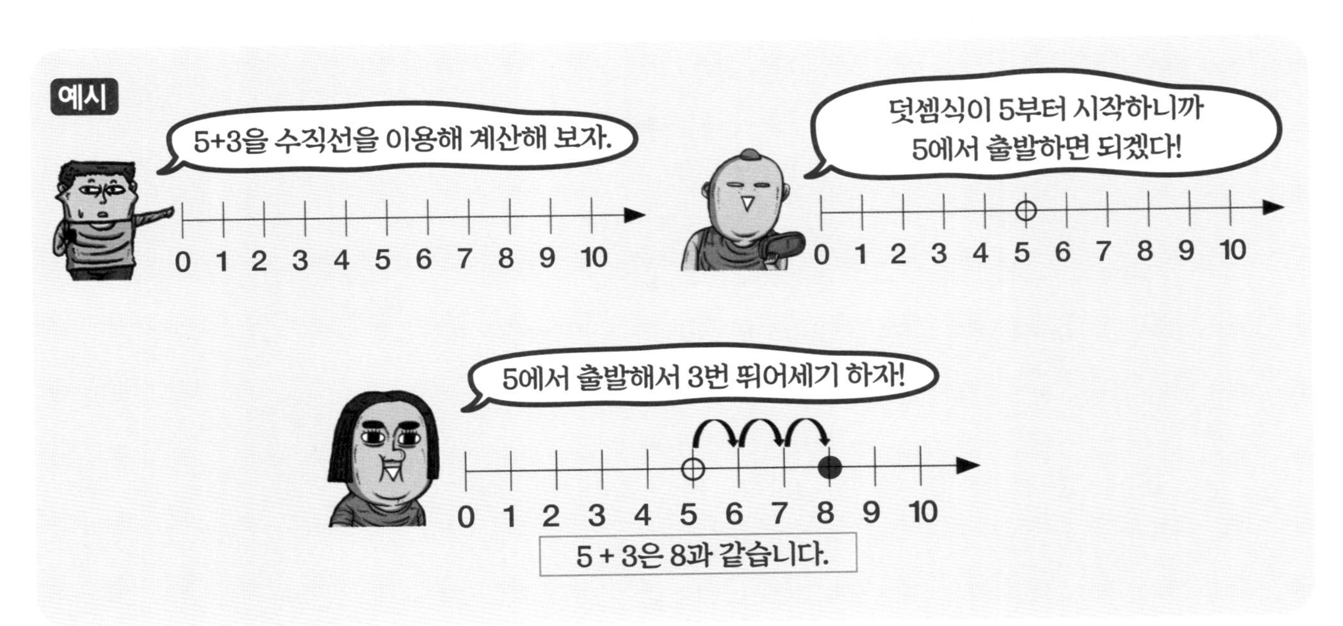

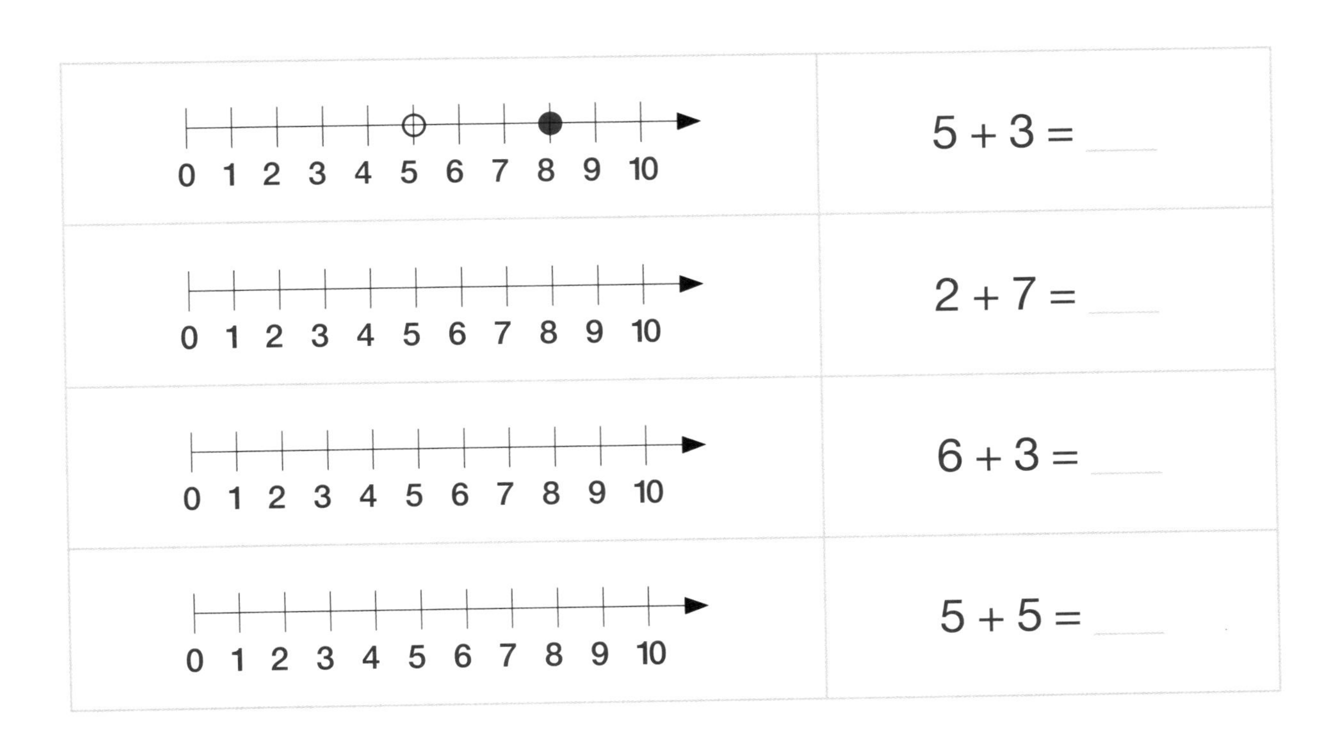

2 DAY B

수직선으로 덧셈식 계산하기

□+●을 계산할 때 수직선에 □를 찾아 동그라미를 그리고 ●만큼 이동해서 덧셈을 계산하시오.

수직선	덧셈식
0 1 2 3 4 5 6 7 8 9 10	3 + 2 = ___
0 1 2 3 4 5 6 7 8 9 10	4 + 1 = ___
0 1 2 3 4 5 6 7 8 9 10	3 + 5 = ___
0 1 2 3 4 5 6 7 8 9 10	1 + 7 = ___
0 1 2 3 4 5 6 7 8 9 10	3 + 3 = ___
0 1 2 3 4 5 6 7 8 9 10	5 + 2 = ___
0 1 2 3 4 5 6 7 8 9 10	1 + 3 = ___
0 1 2 3 4 5 6 7 8 9 10	3 + 7 = ___

3 DAY A 수직선으로 뺄셈식 계산하기

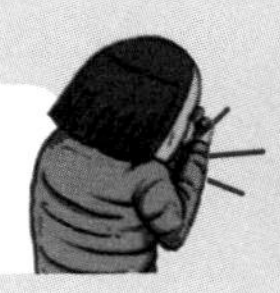

덧셈은 앞으로 뛰어세기,
뺄셈은 뒤로 뛰어세기 하면 돼!

□−●을 계산할 때 수직선에 □를 찾아 동그라미를 그리고 ●만큼 이동해서 덧셈을 계산하시오.

수직선	식
예시 0 1 2 3 4 5 6 7 8 9 10	5 − 3 = 2
0 1 2 3 4 5 6 7 8 9 10	4 − 2 = ___
0 1 2 3 4 5 6 7 8 9 10	5 − 1 = ___
0 1 2 3 4 5 6 7 8 9 10	10 − 3 = ___
0 1 2 3 4 5 6 7 8 9 10	8 − 5 = ___
0 1 2 3 4 5 6 7 8 9 10	9 − 2 = ___
0 1 2 3 4 5 6 7 8 9 10	10 − 7 = ___
0 1 2 3 4 5 6 7 8 9 10	7 − 3 = ___

3 DAY B

수직선으로 뺄셈식 계산하기

□−●을 계산할 때 수직선에 □를 찾아 동그라미를 그리고 ●만큼 이동해서 덧셈을 계산하시오.

수직선	식
0 1 2 3 4 5 6 7 8 9 10	7 − 5 = ___
0 1 2 3 4 5 6 7 8 9 10	10 − 5 = ___
0 1 2 3 4 5 6 7 8 9 10	9 − 5 = ___
0 1 2 3 4 5 6 7 8 9 10	3 − 1 = ___
0 1 2 3 4 5 6 7 8 9 10	6 − 5 = ___
0 1 2 3 4 5 6 7 8 9 10	8 − 4 = ___
0 1 2 3 4 5 6 7 8 9 10	9 − 3 = ___
0 1 2 3 4 5 6 7 8 9 10	10 − 5 = ___

자유자재로 계산하기

덧셈과 뺄셈은 서로 반대 관계야.
덧셈은 앞으로 가고 뺄셈은 뒤로 가거든.
주어진 문제를 풀면서 규칙을 찾아 봐.

앞으로 풀기, 거꾸로 풀기, 숨겨져 있는 값 찾기를 해 보세요.

예시

덧셈과 뺄셈은 서로 연결되어 있대.

$4 + 3 = 7$

진짜네! 4에 3을 더하니 7이 되었어.

그러면 7에서 4를 빼면 얼마일까?

7이 3과 4의 합이니까 7에서 4를 빼면 3이야.

7에서 3을 빼면 4인 것도 알 수 있네!

앞으로 풀기	거꾸로 풀기	숨겨져 있는 값 찾기
$5 + 3 =$ 8	$8 - 3 =$ 5	$8 -$ [5] $= 3$
$9 + 1 =$ ___	$10 - 9 =$ ___	$10 -$ □ $= 9$
$6 + 2 =$ ___	$8 - 2 =$ ___	$2 +$ □ $= 8$
$1 + 7 =$ ___	$8 - 7 =$ ___	$8 -$ □ $= 7$
$3 + 3 =$ ___	$6 - 3 =$ ___	$6 -$ □ $= 3$
$4 + 6 =$ ___	$10 - 4 =$ ___	$10 -$ □ $= 4$
$3 + 2 =$ ___	$5 - 2 =$ ___	$2 +$ □ $= 5$

자유자재로 계산하기

앞으로 풀기, 거꾸로 풀기, 숨겨져 있는 값 찾기를 해 보세요.

앞으로 풀기	거꾸로 풀기	숨겨져 있는 값 찾기
1 + 4 = ___	5 − 1 = ___	5 − □ = 1
8 + 2 = ___	10 − 8 = ___	10 − □ = 8
4 + 2 = ___	6 − 2 = ___	2 + □ = 6
2 + 7 = ___	9 − 7 = ___	9 − □ = 7
5 + 3 = ___	8 − 5 = ___	8 − □ = 5
1 + 2 = ___	3 − 1 = ___	3 − □ = 1
3 + 6 = ___	9 − 3 = ___	6 + □ = 9
2 + 2 = ___	4 − 2 = ___	4 − □ = 2
7 + 3 = ___	10 − 7 = ___	3 + □ = 10
4 + 5 = ___	9 − 5 = ___	5 + □ = 9

덧셈 뺄셈 문제 해결하기

너라면 충분히 이 문제를 풀 수 있어. 문제를 풀고 나서 내가 계산한 값이 맞는지 꼭 확인해 보자!

아래 그림은 오른쪽으로 한 칸 갈 때마다 1씩 커지고 아래쪽으로 한 칸 갈 때마다 2씩 커집니다. 빈칸에 들어갈 수를 적으세요.

예시

+1 (→), +2 (↓)

2	3	4
4	5	6

①

4	5	□
□	7	8

②

3	□	□
□	6	7

③

6	□	8
8	9	□

④

2	□	4
□	□	6

⑤

4	□	□
6	7	□

⑥

□	□	□
5	6	7

⑦

□	6	□
□	8	□

⑧

□	3	□
□	□	□

덧셈 뺄셈 문제 해결하기

아래 그림은 오른쪽으로 한 칸 갈 때마다 1씩 작아지고 아래쪽으로 한 칸 갈 때마다 2씩 작아집니다. 빈칸에 들어갈 수를 적으세요.

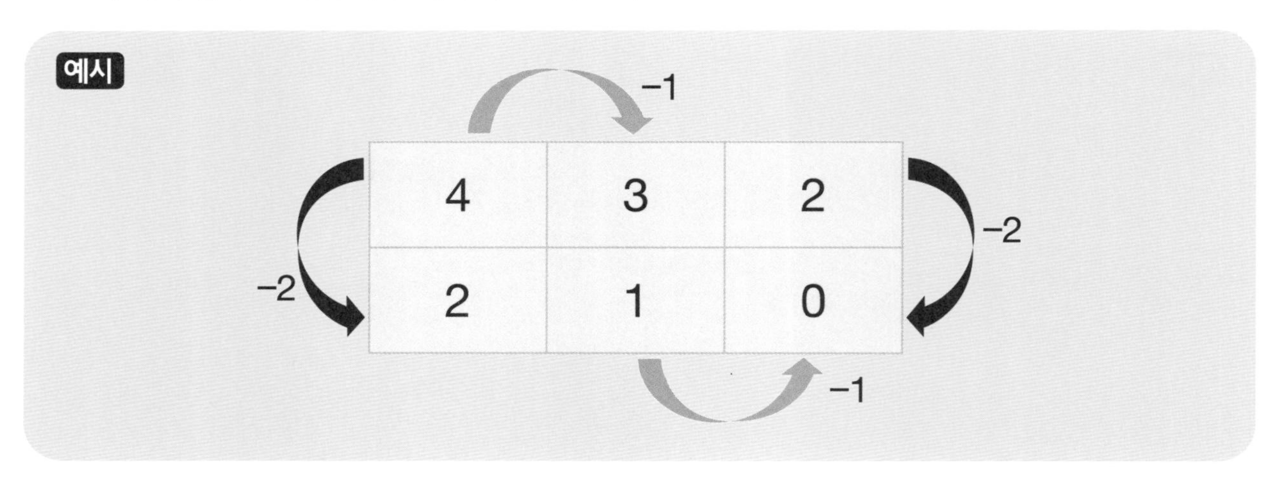

①

5	□	□
3	□	1

②

□	5	4
□	3	□

③

6	□	4
□	□	2

④

7	6	□
□	□	3

⑤

□	6	□
5	□	3

⑥

5	□	□
□	2	1

⑦

8	□	□
6	5	□

⑧

□	8	□
□	6	5

이야기로 풀어요

애봉이가 무인도에 떨어졌어요.
조석이 애봉이를 구하려고 무인도에 왔는데
수학 문제를 풀어야 애봉이한테 갈 수 있다고 합니다.
여러분이 도와주세요.

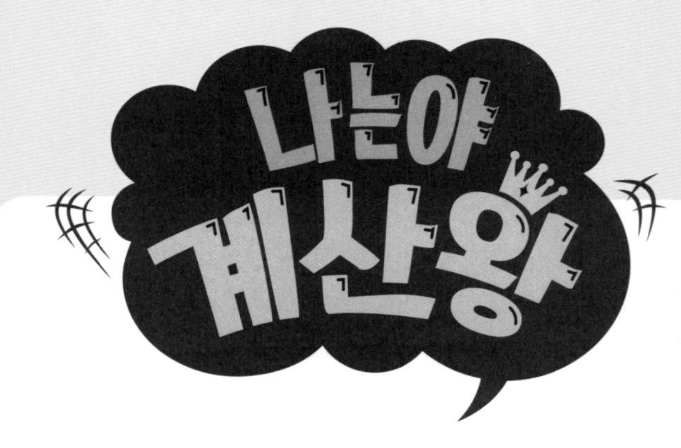

1학년 1권

- 정답 -

≫≫ 17쪽 정답

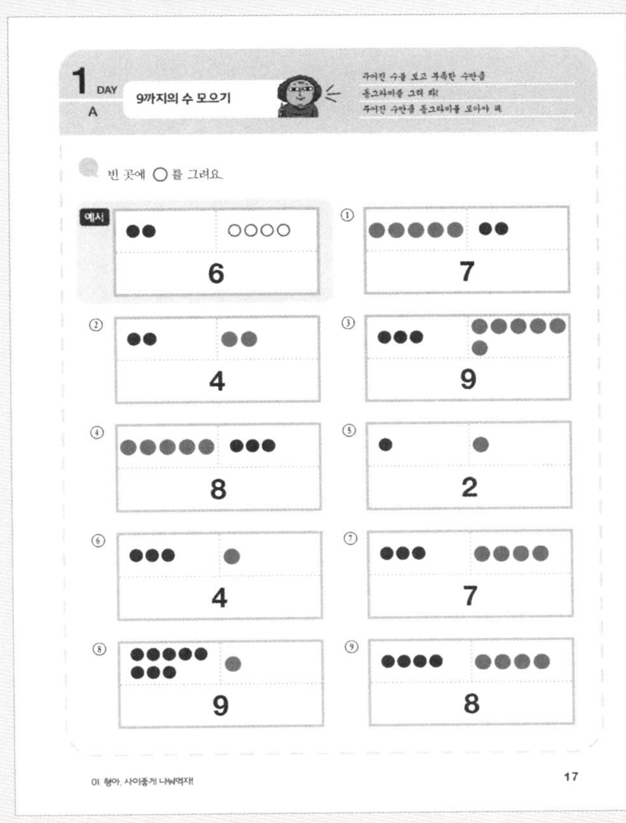
1 DAY A

9까지의 수 모으기

빈 곳에 ○를 그려요.

예시 6

① 7

② 4

③ 9

④ 8

⑤ 2

⑥ 4

⑦ 7

⑧ 9

⑨ 8

17

≫≫ 18쪽 정답

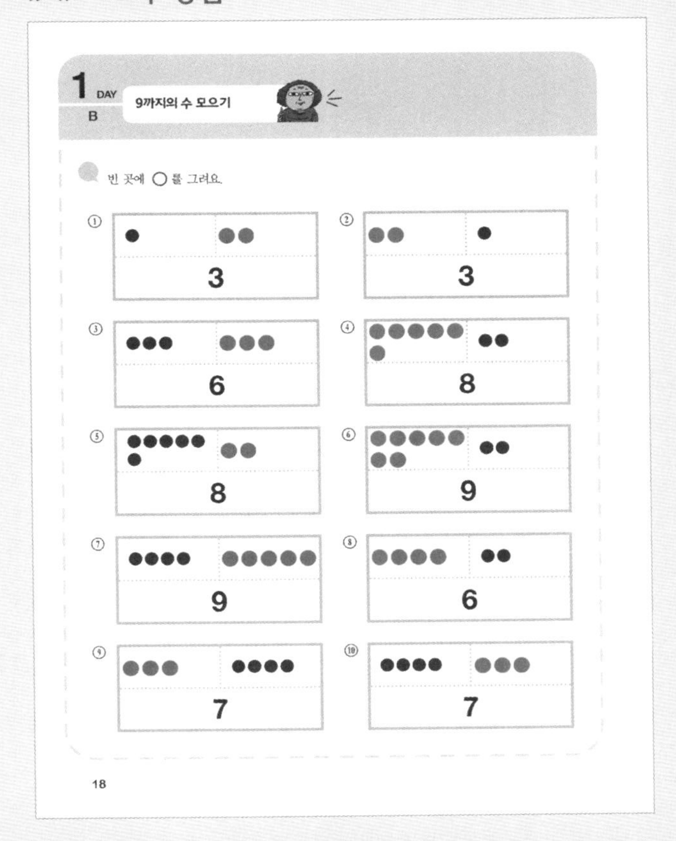
1 DAY B

9까지의 수 모으기

빈 곳에 ○를 그려요.

① 3

② 3

③ 6

④ 8

⑤ 8

⑥ 9

⑦ 9

⑧ 6

⑨ 7

⑩ 7

18

≫≫ 19쪽 정답

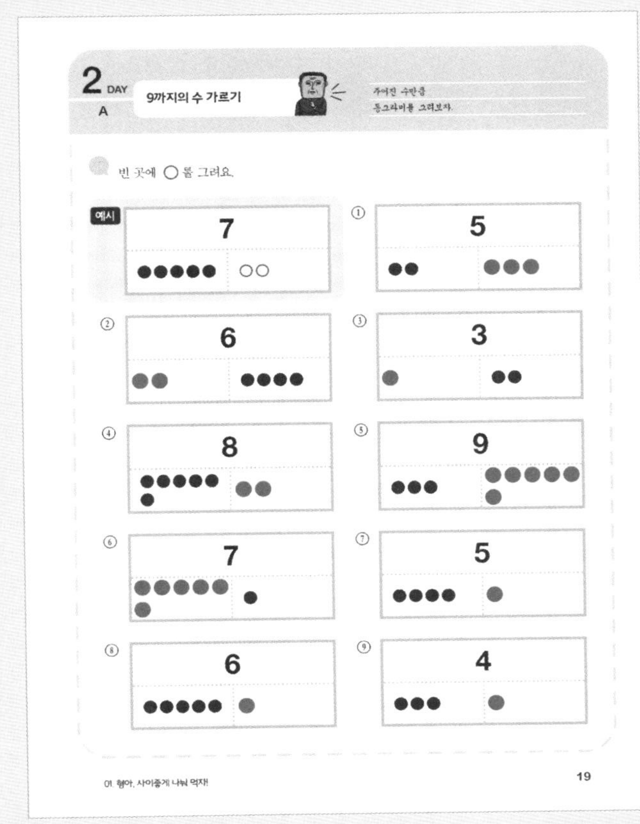
2 DAY A

9까지의 수 가르기

빈 곳에 ○를 그려요.

예시 7

① 5

② 6

③ 3

④ 8

⑤ 9

⑥ 7

⑦ 5

⑧ 6

⑨ 4

19

≫≫ 20쪽 정답

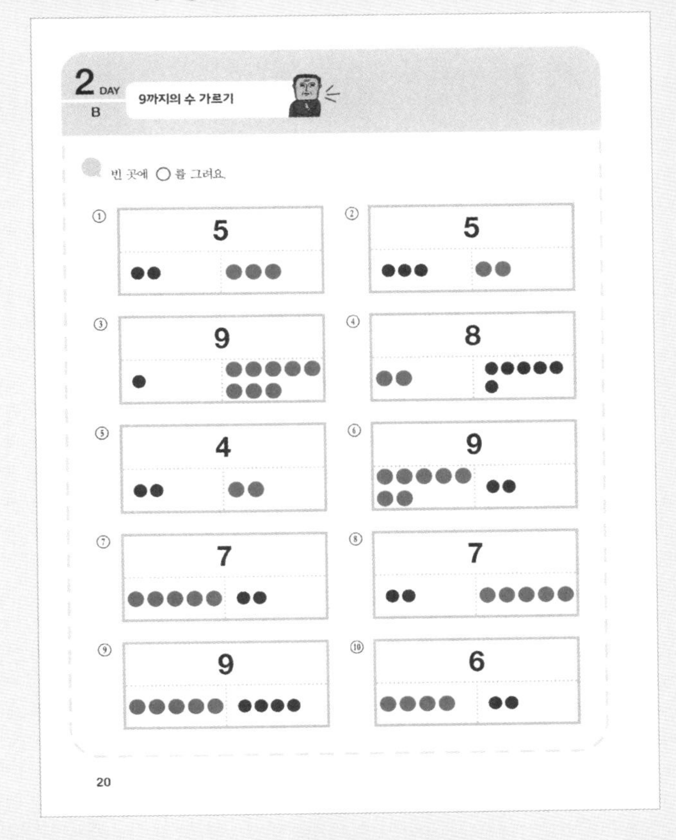
2 DAY B

9까지의 수 가르기

빈 곳에 ○를 그려요.

① 5

② 5

③ 9

④ 8

⑤ 4

⑥ 9

⑦ 7

⑧ 7

⑨ 9

⑩ 6

20

≫≫ 21쪽 정답

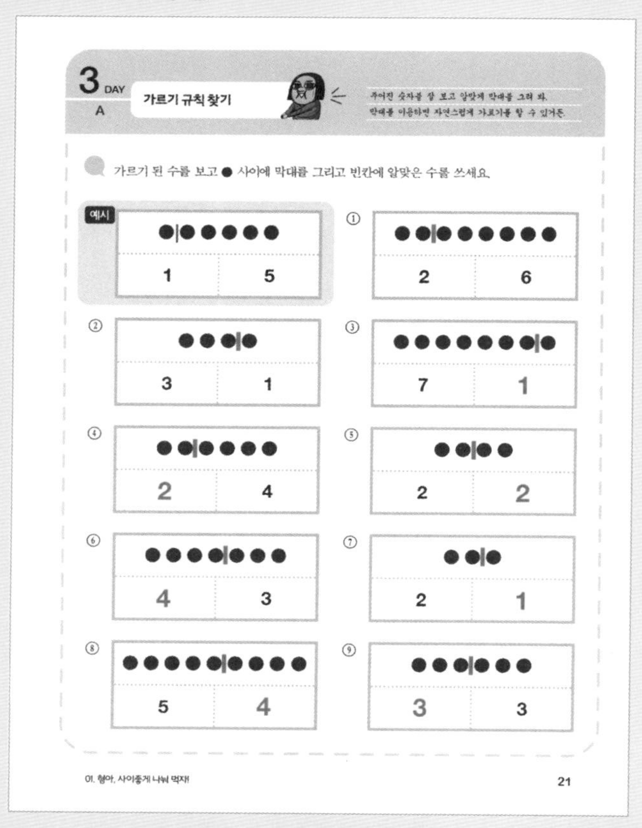

≫≫ 22쪽 정답

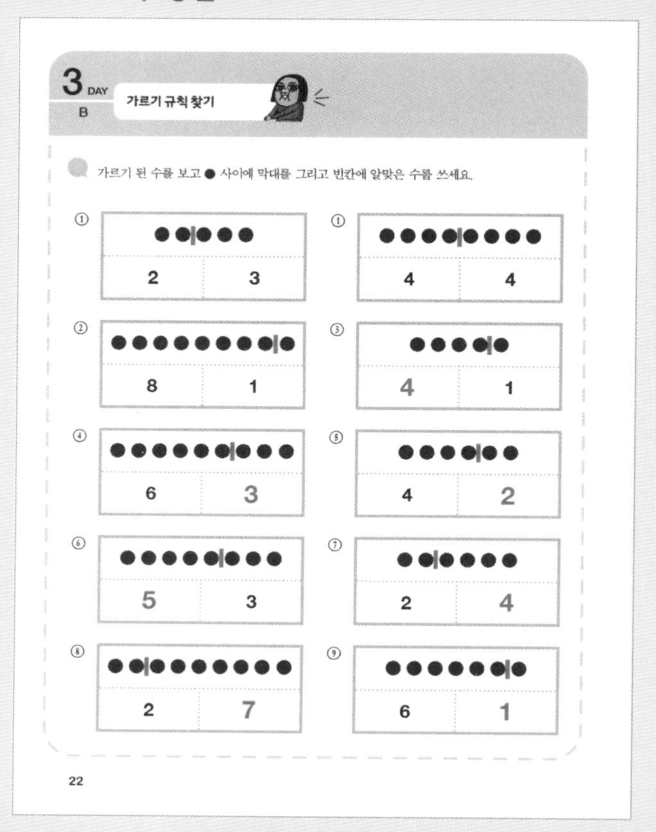

≫≫ 23쪽 정답

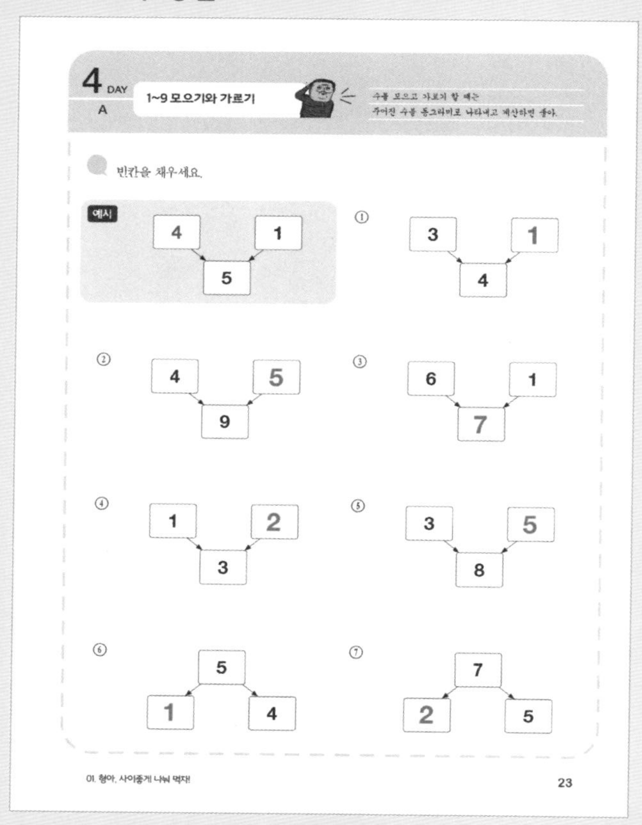

≫≫ 24쪽 정답

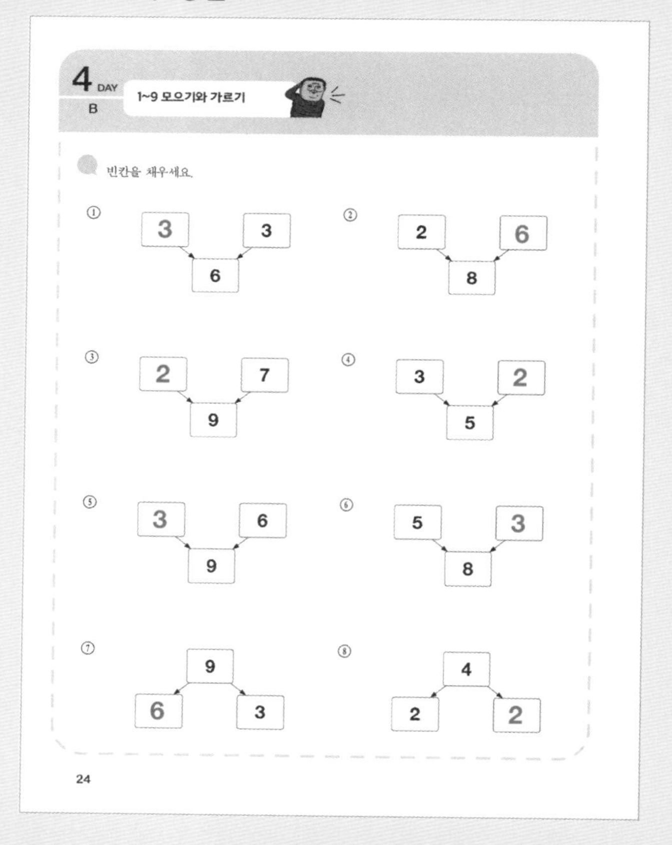

≫ 25쪽 정답

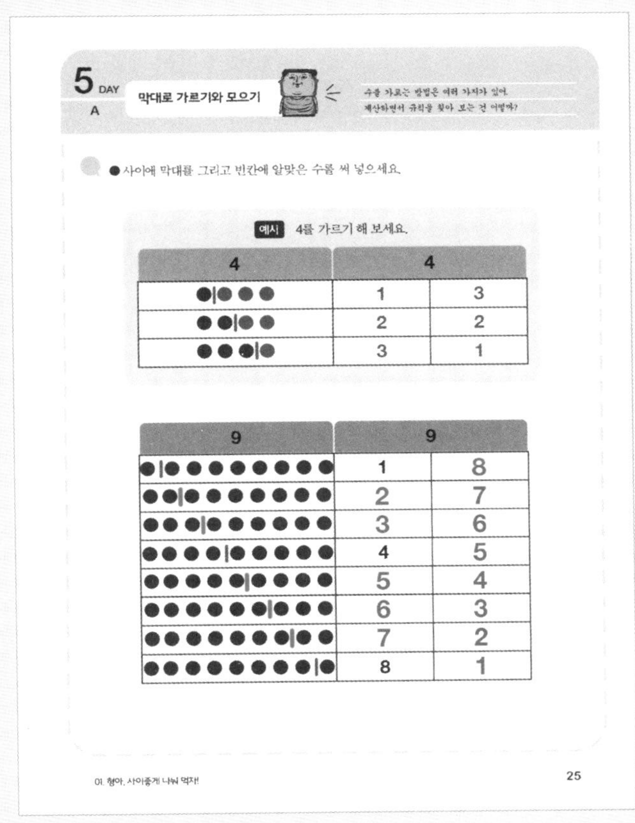

5 DAY A 막대로 가르기와 모으기

수를 가르는 방법은 여러 가지가 있어. 계산하면서 규칙을 찾아 보는 건 어떨까?

● 사이에 막대를 그리고 빈칸에 알맞은 수를 써 넣으세요.

예시 4를 가르기 해 보세요.

4	4	
●|●●●	1	3
●●|●●	2	2
●●●|●	3	1

9	9	
●|●●●●●●●●	1	8
●●|●●●●●●●	2	7
●●●|●●●●●●	3	6
●●●●|●●●●●	4	5
●●●●●|●●●●	5	4
●●●●●●|●●●	6	3
●●●●●●●|●●	7	2
●●●●●●●●|●	8	1

01. 형아, 사이좋게 나눠 먹자! 25

≫ 26쪽 정답

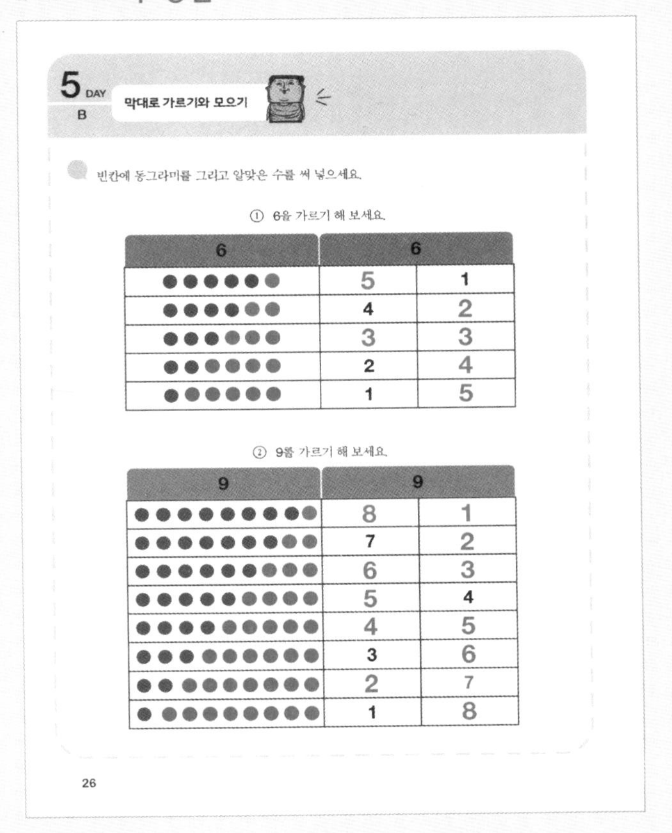

5 DAY B 막대로 가르기와 모으기

빈칸에 동그라미를 그리고 알맞은 수를 써 넣으세요.

① 6을 가르기 해 보세요.

6	6	
●●●●●●	5	1
●●●●●●	4	2
●●●●●●	3	3
●●●●●●	2	4
●●●●●●	1	5

② 9를 가르기 해 보세요.

9	9	
●●●●●●●●●	8	1
●●●●●●●●●	7	2
●●●●●●●●●	6	3
●●●●●●●●●	5	4
●●●●●●●●●	4	5
●●●●●●●●●	3	6
●●●●●●●●●	2	7
●●●●●●●●●	1	8

26

≫ 27쪽 정답

이야기로 풀어요

석이와 준이 형아가 들고 있는 숫자를 보고 막대를 그려서 가르기하세요.

3 | 7

6 | 4

8 | 2

5 | 5

01. 형아, 사이좋게 나눠 먹자! 27

≫ 33쪽 정답

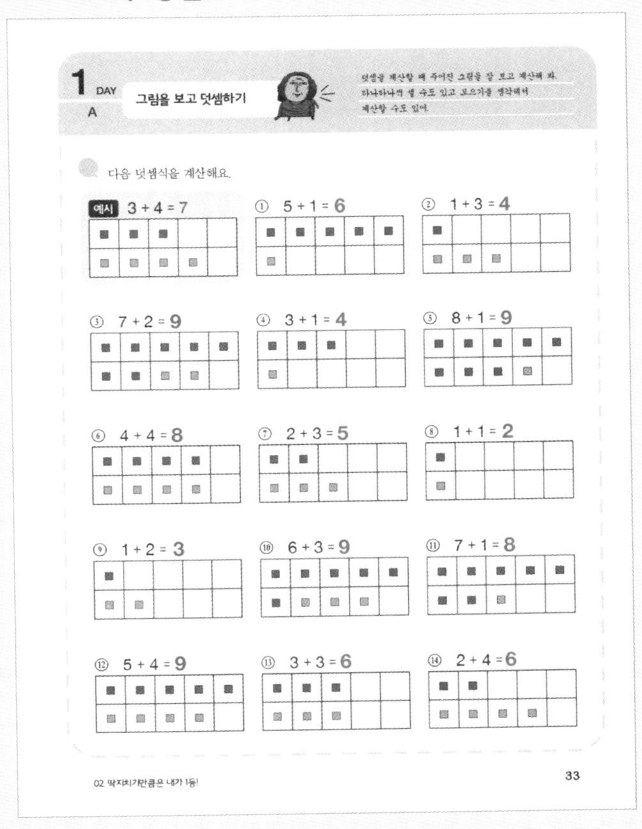

1 DAY A 그림을 보고 덧셈하기

덧셈을 계산할 때 주어진 그림을 잘 보고 계산해 봐. 하나하나씩 셀 수도 있고 모으기를 생각해서 계산할 수도 있어.

다음 덧셈식을 계산해요.

예시 3 + 4 = 7

① 5 + 1 = 6

② 1 + 3 = 4

③ 7 + 2 = 9

④ 3 + 1 = 4

⑤ 8 + 1 = 9

⑥ 4 + 4 = 8

⑦ 2 + 3 = 5

⑧ 1 + 1 = 2

⑨ 1 + 2 = 3

⑩ 6 + 3 = 9

⑪ 7 + 1 = 8

⑫ 5 + 4 = 9

⑬ 3 + 3 = 6

⑭ 2 + 4 = 6

02 딱지치기만큼은 내가 1등! 33

≫≫ 34쪽 정답

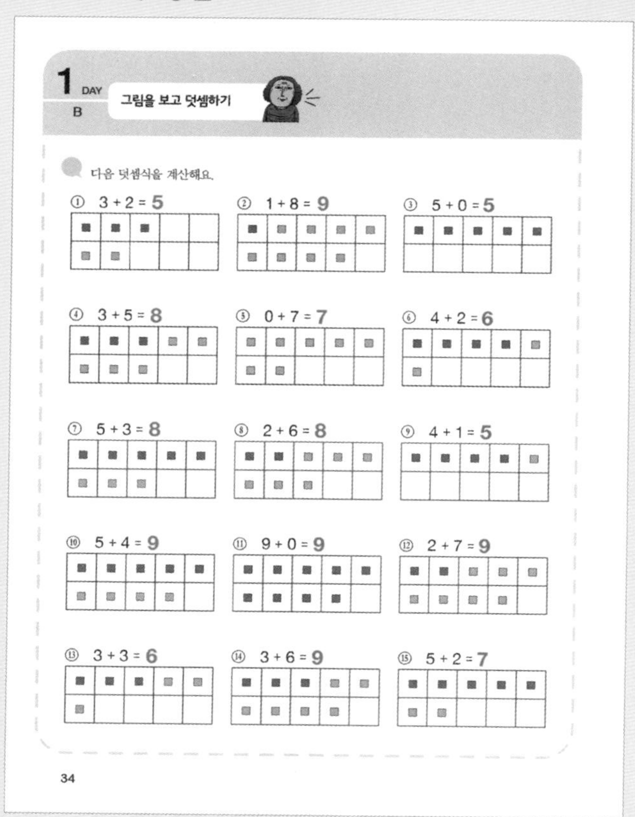

1 DAY B 그림을 보고 덧셈하기

다음 덧셈식을 계산해요.

① 3 + 2 = 5
② 1 + 8 = 9
③ 5 + 0 = 5
④ 3 + 5 = 8
⑤ 0 + 7 = 7
⑥ 4 + 2 = 6
⑦ 5 + 3 = 8
⑧ 2 + 6 = 8
⑨ 4 + 1 = 5
⑩ 5 + 4 = 9
⑪ 9 + 0 = 9
⑫ 2 + 7 = 9
⑬ 3 + 3 = 6
⑭ 3 + 6 = 9
⑮ 5 + 2 = 7

34

≫≫ 35쪽 정답

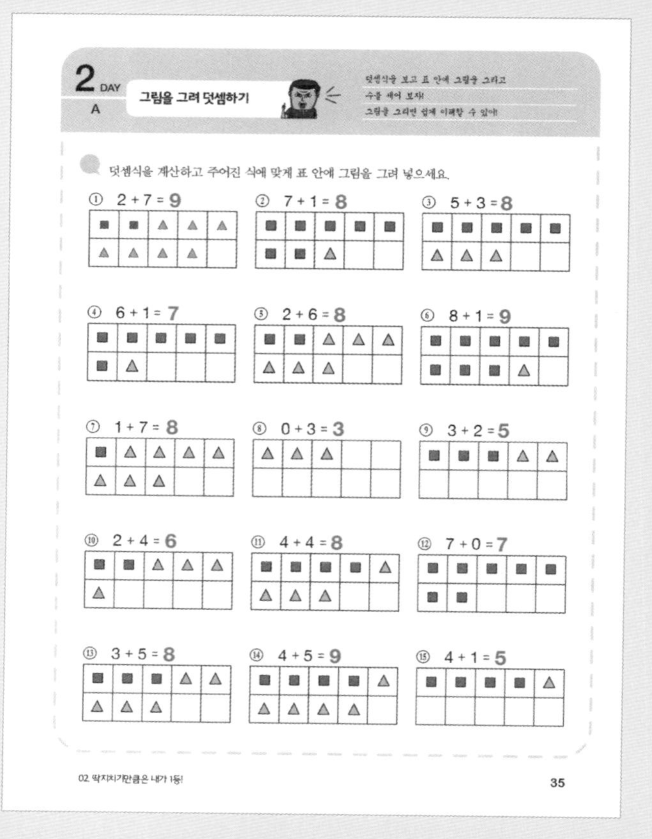

2 DAY A 그림을 그려 덧셈하기

덧셈식을 보고 표 안에 그림을 그리고
수를 세어 보자!
그림을 그리면 쉽게 이해할 수 있어!

덧셈식을 계산하고 주어진 식에 맞게 표 안에 그림을 그려 넣으세요.

① 2 + 7 = 9
② 7 + 1 = 8
③ 5 + 3 = 8
④ 6 + 1 = 7
⑤ 2 + 6 = 8
⑥ 8 + 1 = 9
⑦ 1 + 7 = 8
⑧ 0 + 3 = 3
⑨ 3 + 2 = 5
⑩ 2 + 4 = 6
⑪ 4 + 4 = 8
⑫ 7 + 0 = 7
⑬ 3 + 5 = 8
⑭ 4 + 5 = 9
⑮ 4 + 1 = 5

02. 딱지치기만큼은 내가 1등! 35

≫≫ 36쪽 정답

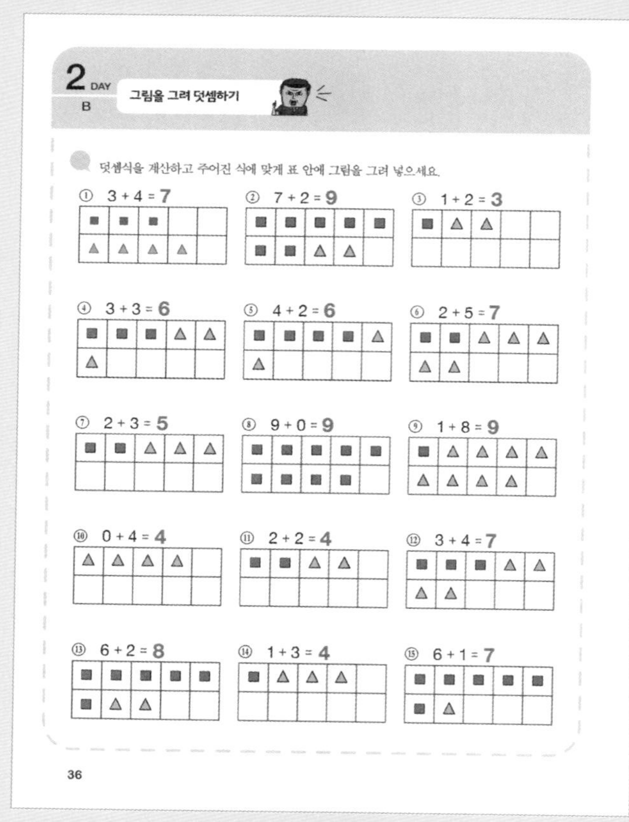

2 DAY B 그림을 그려 덧셈하기

덧셈식을 계산하고 주어진 식에 맞게 표 안에 그림을 그려 넣으세요.

① 3 + 4 = 7
② 7 + 2 = 9
③ 1 + 2 = 3
④ 3 + 3 = 6
⑤ 4 + 2 = 6
⑥ 2 + 5 = 7
⑦ 2 + 3 = 5
⑧ 9 + 0 = 9
⑨ 1 + 8 = 9
⑩ 0 + 4 = 4
⑪ 2 + 2 = 4
⑫ 3 + 4 = 7
⑬ 6 + 2 = 8
⑭ 1 + 3 = 4
⑮ 6 + 1 = 7

36

≫≫ 37쪽 정답

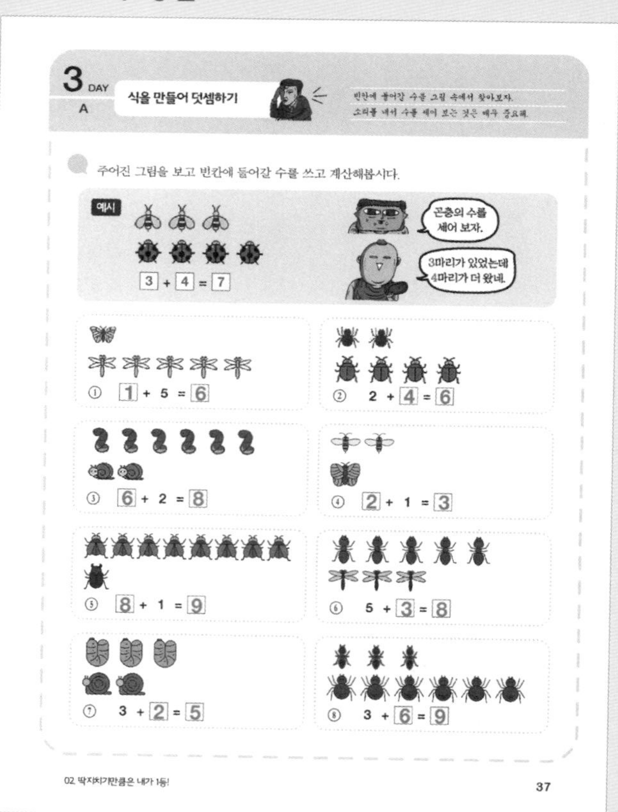

3 DAY A 식을 만들어 덧셈하기

빈칸에 들어갈 수를 그림 속에서 찾아보자.
소리를 내서 수를 세어 보는 것은 매우 중요해.

주어진 그림을 보고 빈칸에 들어갈 수를 쓰고 계산해봅시다.

예시 3 + 4 = 7

① 1 + 5 = 6
② 2 + 4 = 6
③ 6 + 2 = 8
④ 2 + 1 = 3
⑤ 8 + 1 = 9
⑥ 5 + 3 = 8
⑦ 3 + 2 = 5
⑧ 3 + 6 = 9

02. 딱지치기만큼은 내가 1등! 37

≫ 38쪽 정답

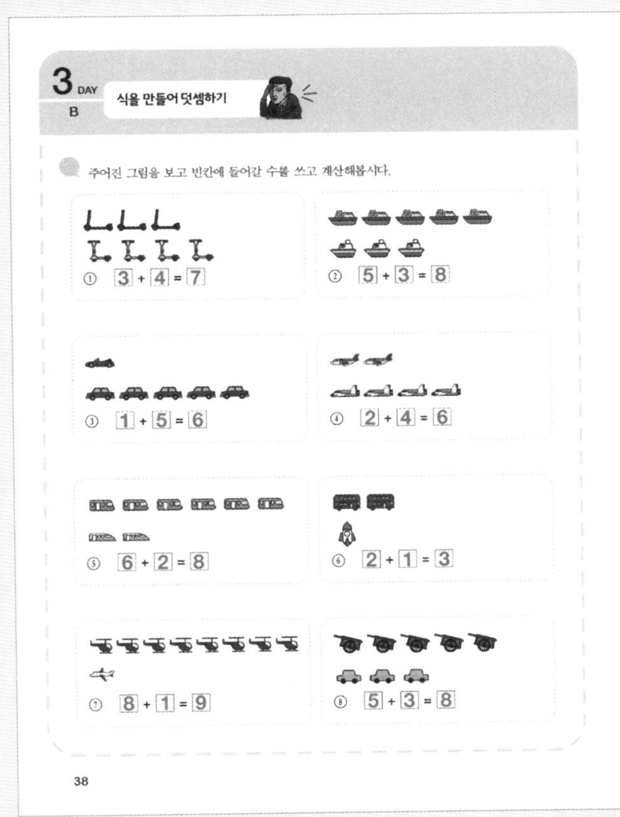
3 DAY B 식을 만들어 덧셈하기

주어진 그림을 보고 빈칸에 들어갈 수를 쓰고 계산해봅시다.

① 3 + 4 = 7
② 5 + 3 = 8
③ 1 + 5 = 6
④ 2 + 4 = 6
⑤ 6 + 2 = 8
⑥ 2 + 1 = 3
⑦ 8 + 1 = 9
⑧ 5 + 3 = 8

38

≫ 39쪽 정답

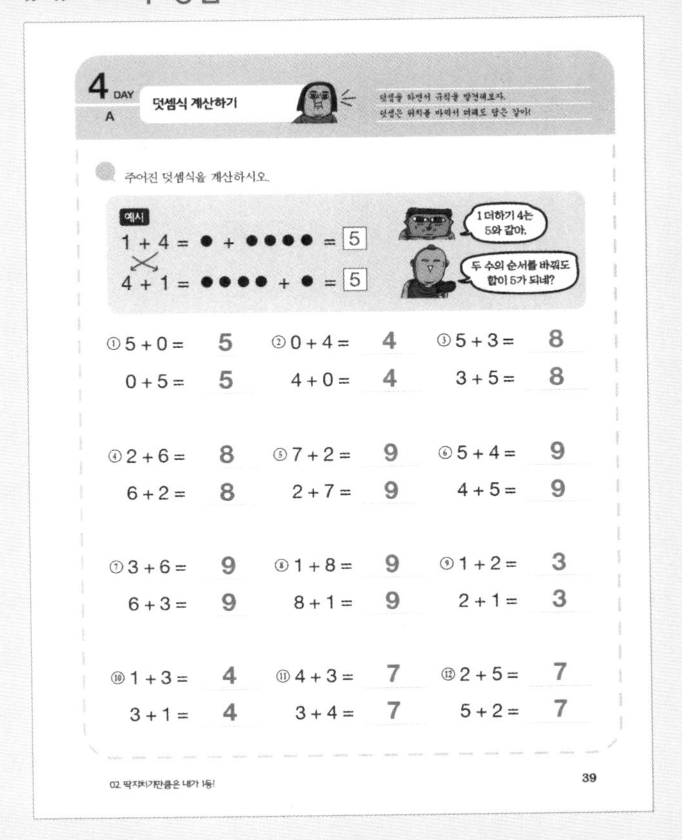
4 DAY A 덧셈식 계산하기

주어진 덧셈식을 계산하시오.

예시
1 + 4 = ● + ●●●● = 5
4 + 1 = ●●●● + ● = 5

① 5 + 0 = 5, 0 + 5 = 5
② 0 + 4 = 4, 4 + 0 = 4
③ 5 + 3 = 8, 3 + 5 = 8
④ 2 + 6 = 8, 6 + 2 = 8
⑤ 7 + 2 = 9, 2 + 7 = 9
⑥ 5 + 4 = 9, 4 + 5 = 9
⑦ 3 + 6 = 9, 6 + 3 = 9
⑧ 1 + 8 = 9, 8 + 1 = 9
⑨ 1 + 2 = 3, 2 + 1 = 3
⑩ 1 + 3 = 4, 3 + 1 = 4
⑪ 4 + 3 = 7, 3 + 4 = 7
⑫ 2 + 5 = 7, 5 + 2 = 7

02 딱지치기만큼은 내가 1등! 39

≫ 40쪽 정답

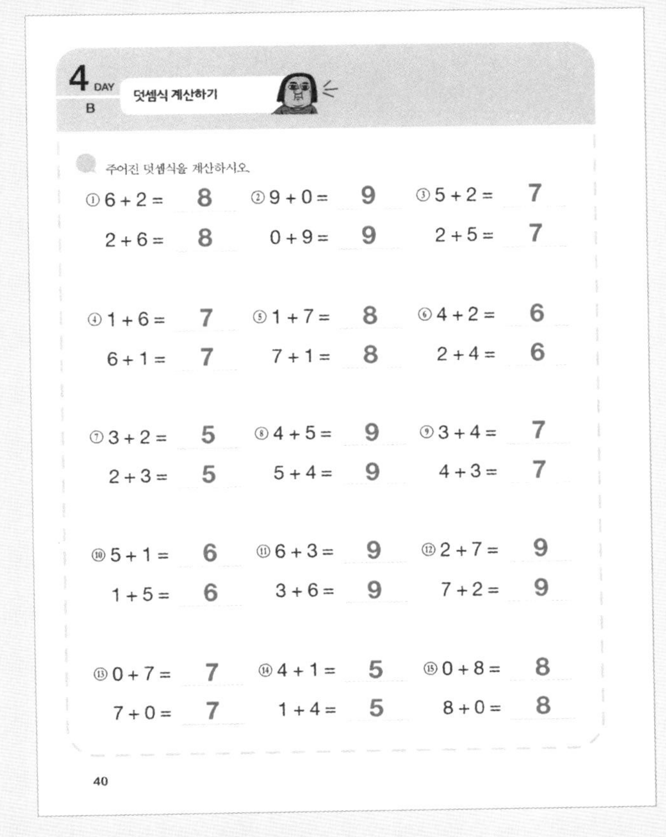
4 DAY B 덧셈식 계산하기

주어진 덧셈식을 계산하시오.

① 6 + 2 = 8, 2 + 6 = 8
② 9 + 0 = 9, 0 + 9 = 9
③ 5 + 2 = 7, 2 + 5 = 7
④ 1 + 6 = 7, 6 + 1 = 7
⑤ 1 + 7 = 8, 7 + 1 = 8
⑥ 4 + 2 = 6, 2 + 4 = 6
⑦ 3 + 2 = 5, 2 + 3 = 5
⑧ 4 + 5 = 9, 5 + 4 = 9
⑨ 3 + 4 = 7, 4 + 3 = 7
⑩ 5 + 1 = 6, 1 + 5 = 6
⑪ 6 + 3 = 9, 3 + 6 = 9
⑫ 2 + 7 = 9, 7 + 2 = 9
⑬ 0 + 7 = 7, 7 + 0 = 7
⑭ 4 + 1 = 5, 1 + 4 = 5
⑮ 0 + 8 = 8, 8 + 0 = 8

40

≫ 41쪽 정답

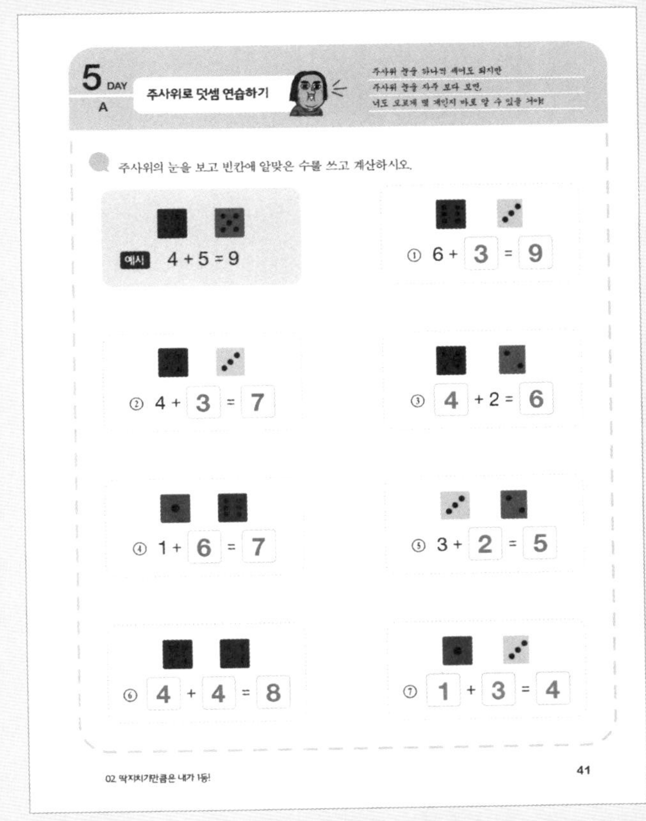
5 DAY A 주사위로 덧셈 연습하기

주사위의 눈을 보고 빈칸에 알맞은 수를 쓰고 계산하시오.

예시 4 + 5 = 9

① 6 + 3 = 9
② 4 + 3 = 7
③ 4 + 2 = 6
④ 1 + 6 = 7
⑤ 3 + 2 = 5
⑥ 4 + 4 = 8
⑦ 1 + 3 = 4

02 딱지치기만큼은 내가 1등! 41

≫≫ 42쪽 정답

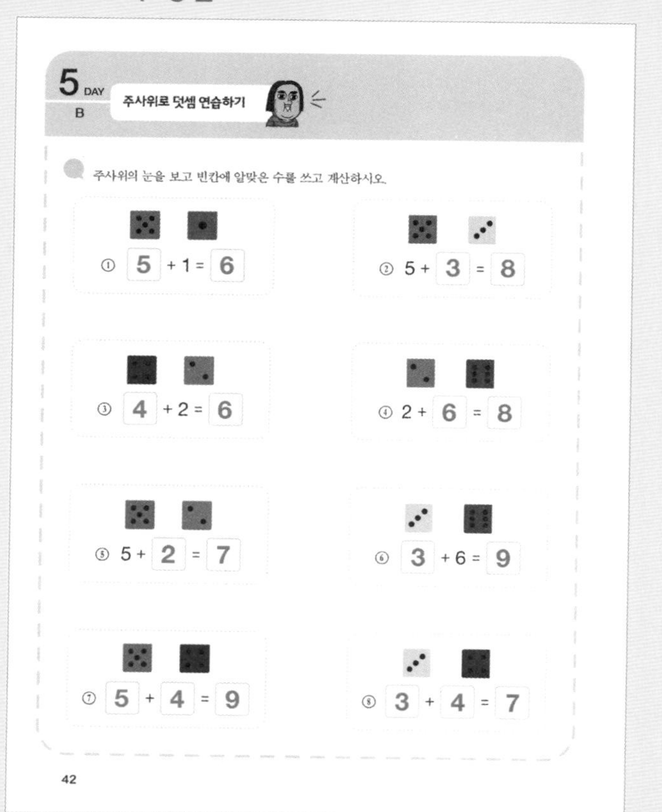

5 DAY B 주사위로 덧셈 연습하기

주사위의 눈을 보고 빈칸에 알맞은 수를 쓰고 계산하시오.

① 5 + 1 = 6
② 5 + 3 = 8
③ 4 + 2 = 6
④ 2 + 6 = 8
⑤ 5 + 2 = 7
⑥ 3 + 6 = 9
⑦ 5 + 4 = 9
⑧ 3 + 4 = 7

42

≫≫ 43쪽 정답

이야기로 풀어요

아빠가 비밀번호를 풀어야 집 문을 열 수 있게 현관문 비밀번호를 바꾸어 버렸어요. 석이가 비밀번호를 풀고 들어갈 수 있게 도와주세요.

첫 번째 숫자 5 + 4 = 9
두 번째 숫자 2 + 3 = 5
세 번째 숫자 5 + 1 = 6
네 번째 숫자 3 + 6 = 9

02 딱지치기만큼은 내가 1등! 43

≫≫ 47쪽 정답

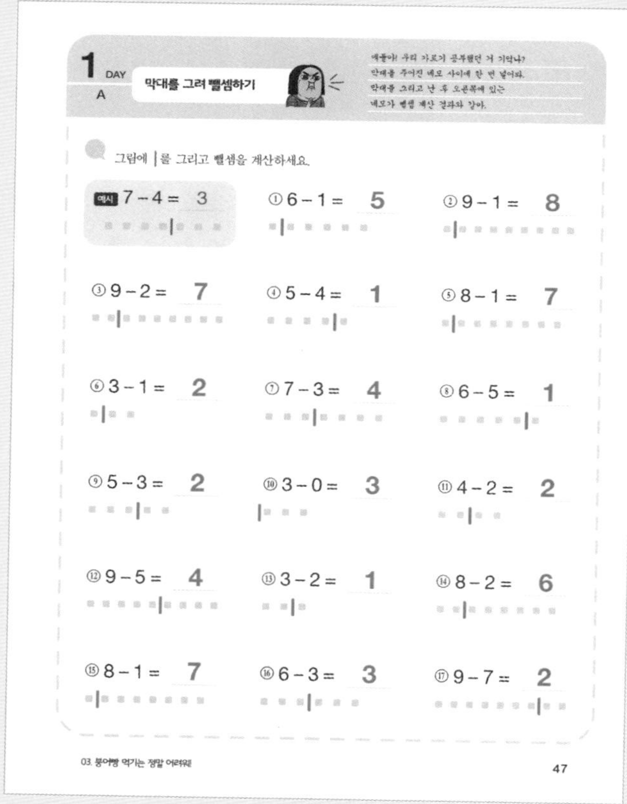

1 DAY A 막대를 그려 뺄셈하기

얘들아! 우리 가르기 공부했던 거 기억나? 막대를 주어진 네모 사이에 한 번 넣어봐. 막대를 그리고 난 후 오른쪽에 있는 네모가 뺄셈 계산 결과와 같아.

그림에 | 를 그리고 뺄셈을 계산하세요.

예시 7 − 4 = 3
① 6 − 1 = 5
② 9 − 1 = 8
③ 9 − 2 = 7
④ 5 − 4 = 1
⑤ 8 − 1 = 7
⑥ 3 − 1 = 2
⑦ 7 − 3 = 4
⑧ 6 − 5 = 1
⑨ 5 − 3 = 2
⑩ 3 − 0 = 3
⑪ 4 − 2 = 2
⑫ 9 − 5 = 4
⑬ 3 − 2 = 1
⑭ 8 − 2 = 6
⑮ 8 − 1 = 7
⑯ 6 − 3 = 3
⑰ 9 − 7 = 2

03 붕어빵 먹기는 정말 어려워 47

≫≫ 48쪽 정답

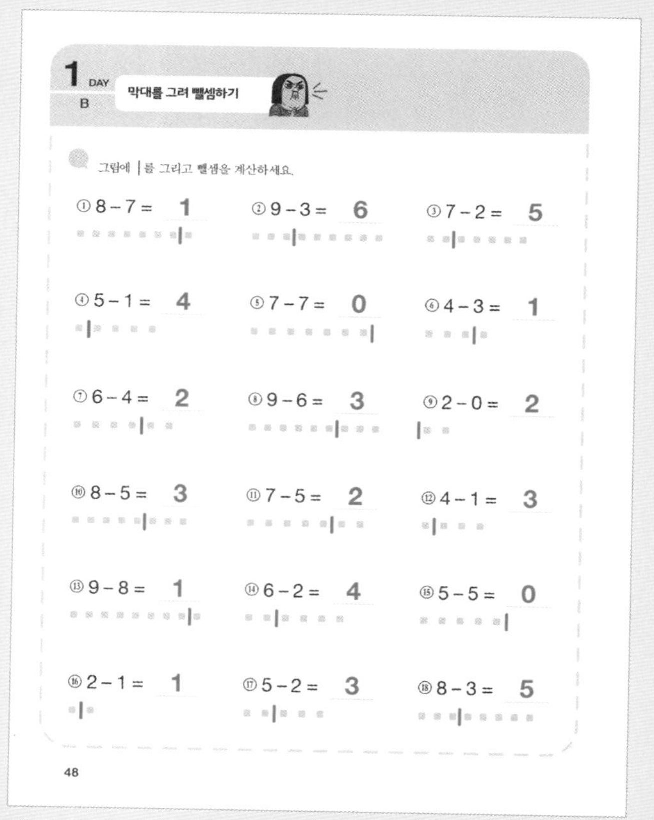

1 DAY B 막대를 그려 뺄셈하기

그림에 | 를 그리고 뺄셈을 계산하세요.

① 8 − 7 = 1
② 9 − 3 = 6
③ 7 − 2 = 5
④ 5 − 1 = 4
⑤ 7 − 7 = 0
⑥ 4 − 3 = 1
⑦ 6 − 4 = 2
⑧ 9 − 6 = 3
⑨ 2 − 0 = 2
⑩ 8 − 5 = 3
⑪ 7 − 5 = 2
⑫ 4 − 1 = 3
⑬ 9 − 8 = 1
⑭ 6 − 2 = 4
⑮ 5 − 5 = 0
⑯ 2 − 1 = 1
⑰ 5 − 2 = 3
⑱ 8 − 3 = 5

48

≫≫ 49쪽 정답

2 DAY A **뺄셈식 계산하기**

그림을 그리거나, 손가락을 세어 보거나, 다양한 방법을 활용해서 계산해봐! 모든 바둑알을 직접 꺼내서 계산하는 것도 좋아.

뺄셈을 하세요.

① 7 − 4 = 3 ② 5 − 1 = 4 ③ 3 − 3 = 0

④ 8 − 4 = 4 ⑤ 3 − 2 = 1 ⑥ 9 − 6 = 3

⑦ 4 − 2 = 2 ⑧ 9 − 4 = 5 ⑨ 6 − 2 = 4

⑩ 8 − 3 = 5 ⑪ 4 − 3 = 1 ⑫ 2 − 1 = 1

⑬ 6 − 5 = 1 ⑭ 7 − 3 = 4 ⑮ 9 − 2 = 7

⑯ 1 − 1 = 0 ⑰ 8 − 6 = 2 ⑱ 7 − 2 = 5

⑲ 8 − 2 = 6 ⑳ 3 − 1 = 2 ㉑ 2 − 2 = 0

㉒ 7 − 6 = 1 ㉓ 4 − 1 = 3 ㉔ 9 − 3 = 6

03. 붕어빵 먹기는 정말 어려워! 49

≫≫ 50쪽 정답

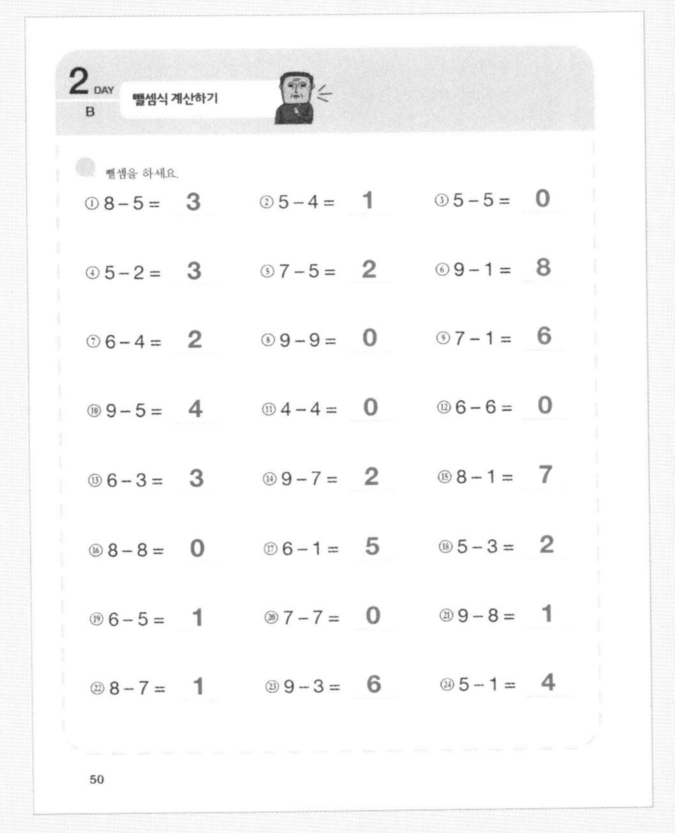
2 DAY B **뺄셈식 계산하기**

뺄셈을 하세요.

① 8 − 5 = 3 ② 5 − 4 = 1 ③ 5 − 5 = 0

④ 5 − 2 = 3 ⑤ 7 − 5 = 2 ⑥ 9 − 1 = 8

⑦ 6 − 4 = 2 ⑧ 9 − 9 = 0 ⑨ 7 − 1 = 6

⑩ 9 − 5 = 4 ⑪ 4 − 4 = 0 ⑫ 6 − 6 = 0

⑬ 6 − 3 = 3 ⑭ 9 − 7 = 2 ⑮ 8 − 1 = 7

⑯ 8 − 8 = 0 ⑰ 6 − 1 = 5 ⑱ 5 − 3 = 2

⑲ 6 − 5 = 1 ⑳ 7 − 7 = 0 ㉑ 9 − 8 = 1

㉒ 8 − 7 = 1 ㉓ 9 − 3 = 6 ㉔ 5 − 1 = 4

50

≫≫ 51쪽 정답

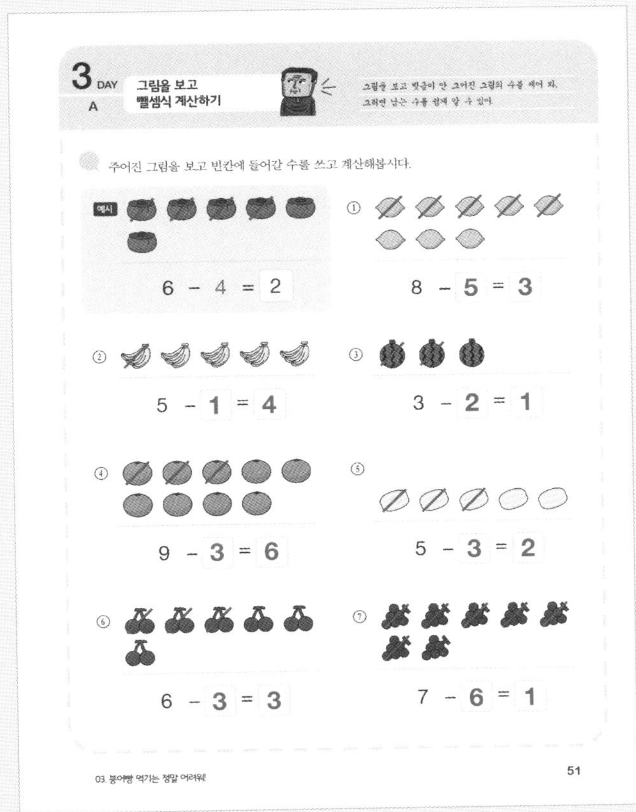
3 DAY A **그림을 보고 뺄셈식 계산하기**

그림을 보고 빗금이 안 그어진 그림의 수를 세어 봐. 그러면 남는 수를 쉽게 알 수 있어.

주어진 그림을 보고 빈칸에 들어갈 수를 쓰고 계산해봅시다.

예시 6 − 4 = 2

① 8 − 5 = 3

② 5 − 1 = 4

③ 3 − 2 = 1

④ 9 − 3 = 6

⑤ 5 − 3 = 2

⑥ 6 − 3 = 3

⑦ 7 − 6 = 1

03. 붕어빵 먹기는 정말 어려워! 51

≫≫ 52쪽 정답

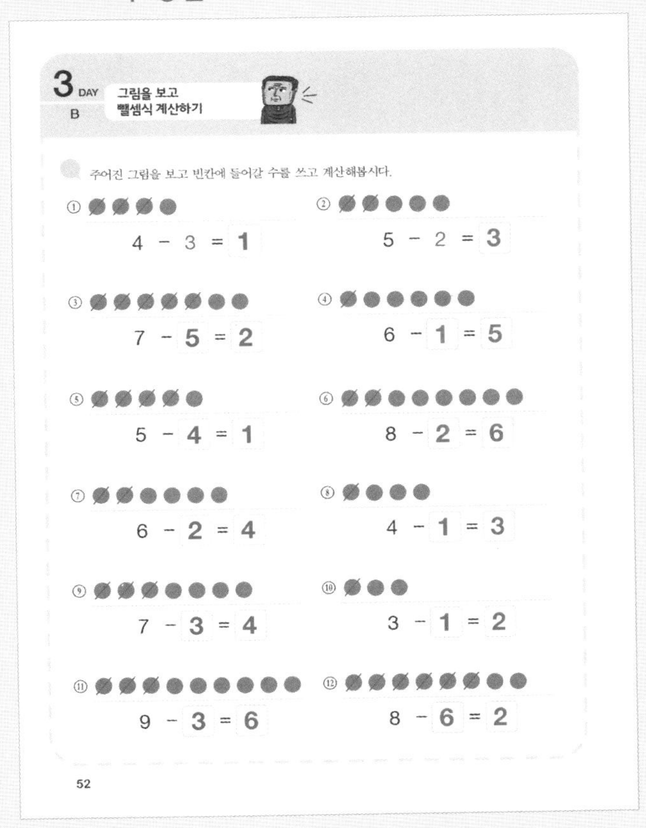
3 DAY B **그림을 보고 뺄셈식 계산하기**

주어진 그림을 보고 빈칸에 들어갈 수를 쓰고 계산해봅시다.

① 4 − 3 = 1

② 5 − 2 = 3

③ 7 − 5 = 2

④ 6 − 1 = 5

⑤ 5 − 4 = 1

⑥ 8 − 2 = 6

⑦ 6 − 2 = 4

⑧ 4 − 1 = 3

⑨ 7 − 3 = 4

⑩ 3 − 1 = 2

⑪ 9 − 3 = 6

⑫ 8 − 6 = 2

52

≫≫ 53쪽 정답

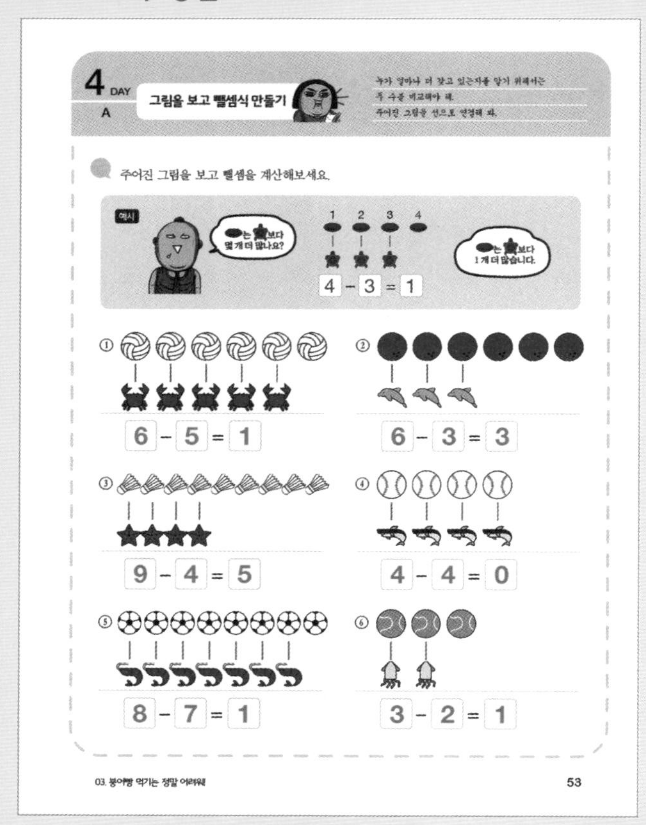

4 DAY A

그림을 보고 뺄셈식 만들기

누가 얼마나 더 갖고 있는지를 알기 위해서는 두 수를 비교해야 돼. 주어진 그림을 선으로 연결해 봐.

주어진 그림을 보고 뺄셈을 계산해보세요.

예시

4 − 3 = 1

① 6 − 5 = 1

② 6 − 3 = 3

③ 9 − 4 = 5

④ 4 − 4 = 0

⑤ 8 − 7 = 1

⑥ 3 − 2 = 1

03. 붕어빵 먹기는 정말 어려워 53

≫≫ 54쪽 정답

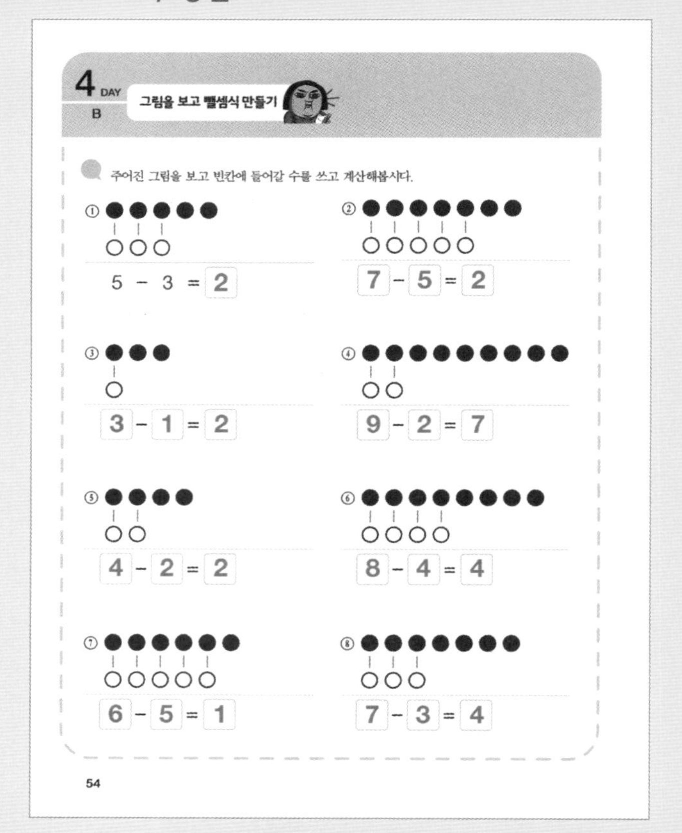

4 DAY B

그림을 보고 뺄셈식 만들기

주어진 그림을 보고 빈칸에 들어갈 수를 쓰고 계산해봅시다.

① 5 − 3 = 2

② 7 − 5 = 2

③ 3 − 1 = 2

④ 9 − 2 = 7

⑤ 4 − 2 = 2

⑥ 8 − 4 = 4

⑦ 6 − 5 = 1

⑧ 7 − 3 = 4

54

≫≫ 55쪽 정답

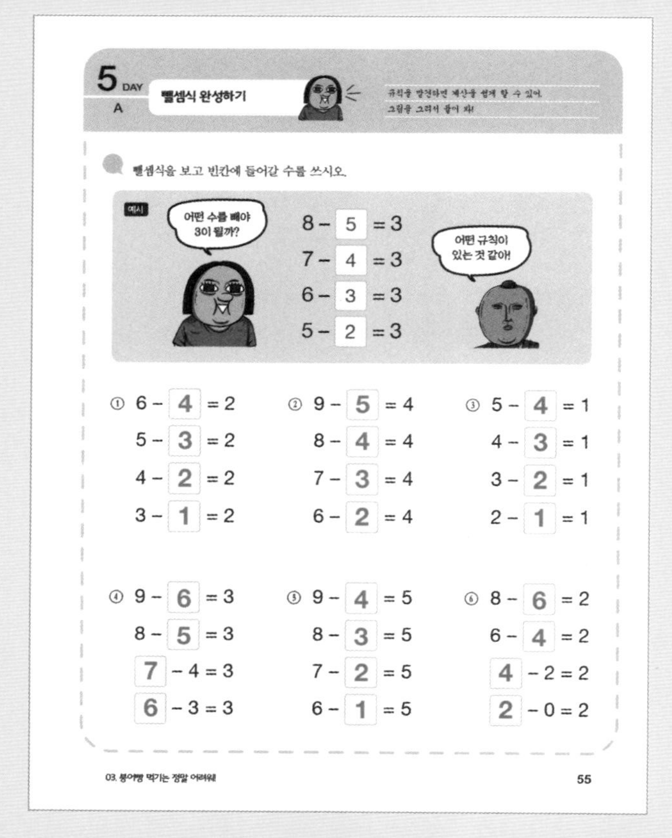

5 DAY A

뺄셈식 완성하기

규칙을 발견하면 계산을 쉽게 할 수 있어. 그림을 그려서 풀어 봐!

뺄셈식을 보고 빈칸에 들어갈 수를 쓰시오.

예시

8 − 5 = 3
7 − 4 = 3
6 − 3 = 3
5 − 2 = 3

① 6 − 4 = 2, 5 − 3 = 2, 4 − 2 = 2, 3 − 1 = 2

② 9 − 5 = 4, 8 − 4 = 4, 7 − 3 = 4, 6 − 2 = 4

③ 5 − 4 = 1, 4 − 3 = 1, 3 − 2 = 1, 2 − 1 = 1

④ 9 − 6 = 3, 8 − 5 = 3, 7 − 4 = 3, 6 − 3 = 3

⑤ 9 − 4 = 5, 8 − 3 = 5, 7 − 2 = 5, 6 − 1 = 5

⑥ 8 − 6 = 2, 6 − 4 = 2, 4 − 2 = 2, 2 − 0 = 2

03. 붕어빵 먹기는 정말 어려워 55

≫≫ 56쪽 정답

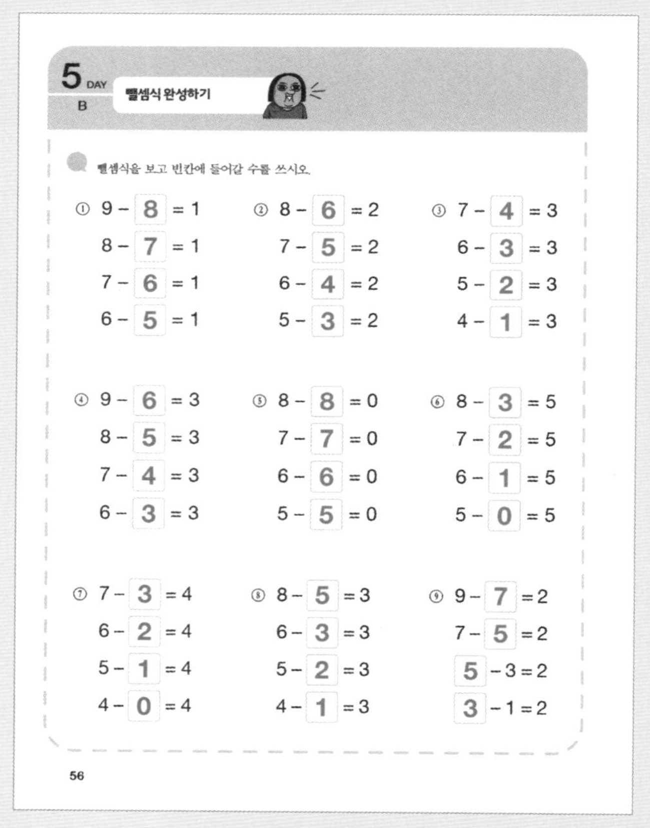

5 DAY B

뺄셈식 완성하기

뺄셈식을 보고 빈칸에 들어갈 수를 쓰시오.

① 9 − 8 = 1, 8 − 7 = 1, 7 − 6 = 1, 6 − 5 = 1

② 8 − 6 = 2, 7 − 5 = 2, 6 − 4 = 2, 5 − 3 = 2

③ 7 − 4 = 3, 6 − 3 = 3, 5 − 2 = 3, 4 − 1 = 3

④ 9 − 6 = 3, 8 − 5 = 3, 7 − 4 = 3, 6 − 3 = 3

⑤ 8 − 8 = 0, 7 − 7 = 0, 6 − 6 = 0, 5 − 5 = 0

⑥ 8 − 3 = 5, 7 − 2 = 5, 6 − 1 = 5, 5 − 0 = 5

⑦ 7 − 3 = 4, 6 − 2 = 4, 5 − 1 = 4, 4 − 0 = 4

⑧ 8 − 5 = 3, 6 − 3 = 3, 5 − 2 = 3, 4 − 1 = 3

⑨ 9 − 7 = 2, 7 − 5 = 2, 5 − 3 = 2, 3 − 1 = 2

56

≫≫ 57쪽 정답

≫≫ 61쪽 정답

1 DAY A 덧셈과 뺄셈 규칙 찾기

덧셈과 뺄셈을 계산하세요.

예시 7 + 2 = 9　9 − 7 = 2　9 − 2 = 7

① 3 + 1 = 4　② 4 − 1 = 3　③ 4 − 3 = 1

④ 6 + 2 = 8　⑤ 8 − 2 = 6　⑥ 8 − 6 = 2

⑦ 4 + 3 = 7　⑧ 7 − 3 = 4　⑨ 7 − 4 = 3

⑩ 6 + 1 = 7　⑪ 7 − 1 = 6　⑫ 7 − 6 = 1

⑬ 3 + 5 = 8　⑭ 8 − 3 = 5　⑮ 8 − 5 = 3

⑯ 7 + 1 = 8　⑰ 8 − 1 = 7　⑱ 8 − 7 = 1

⑲ 2 + 1 = 3　⑳ 3 − 2 = 1　㉑ 3 − 1 = 2

04. 수리 수리 마수리 얍!　61

≫≫ 62쪽 정답

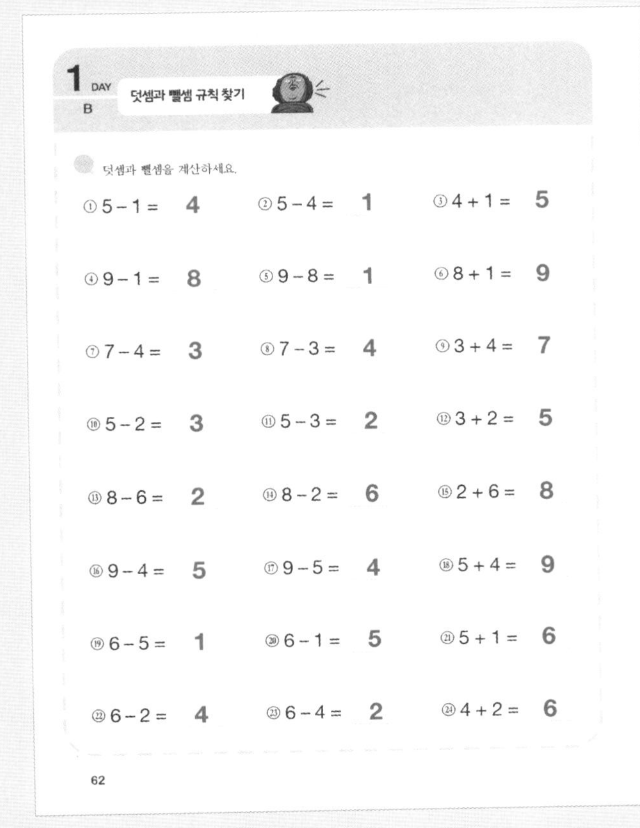

1 DAY B 덧셈과 뺄셈 규칙 찾기

덧셈과 뺄셈을 계산하세요.

① 5 − 1 = 4　② 5 − 4 = 1　③ 4 + 1 = 5

④ 9 − 1 = 8　⑤ 9 − 8 = 1　⑥ 8 + 1 = 9

⑦ 7 − 4 = 3　⑧ 7 − 3 = 4　⑨ 3 + 4 = 7

⑩ 5 − 2 = 3　⑪ 5 − 3 = 2　⑫ 3 + 2 = 5

⑬ 8 − 6 = 2　⑭ 8 − 2 = 6　⑮ 2 + 6 = 8

⑯ 9 − 4 = 5　⑰ 9 − 5 = 4　⑱ 5 + 4 = 9

⑲ 6 − 5 = 1　⑳ 6 − 1 = 5　㉑ 5 + 1 = 6

㉒ 6 − 2 = 4　㉓ 6 − 4 = 2　㉔ 4 + 2 = 6

62

≫≫ 63쪽 정답

2 DAY A 덧셈과 뺄셈 그림 그리기

빈칸에 들어갈 수를 쓰시오.

① 4 + 2 = **6**　② 3 + 3 = **6**　③ 1 + 5 = **6**

●●●●○○

④ **4** + 5 = 9　⑤ 2 + **7** = 9　⑥ 5 + 4 = **9**

⑦ 8 − **6** = 2　⑧ **9** − 3 = 6　⑨ 7 − 1 = **6**

●●(●●●●●●)

⑩ **5** + 3 = 8　⑪ 2 + **6** = 8　⑫ 1 + 7 = **8**

⑬ **8** − 3 = 5　⑭ 6 − **1** = 5　⑮ 7 − 2 = **5**

⑯ **2** + 3 = 5　⑰ 1 + **4** = 5　⑱ 4 + 1 = **5**

⑲ 6 − **3** = 3　⑳ **7** − 4 = 3　㉑ 9 − 6 = **3**

㉒ **4** + 5 = 9　㉓ 3 + **6** = 9　㉔ 1 + 8 = **9**

04. 수리 수리 마수리 얍!　63

≫≫ 64쪽 정답

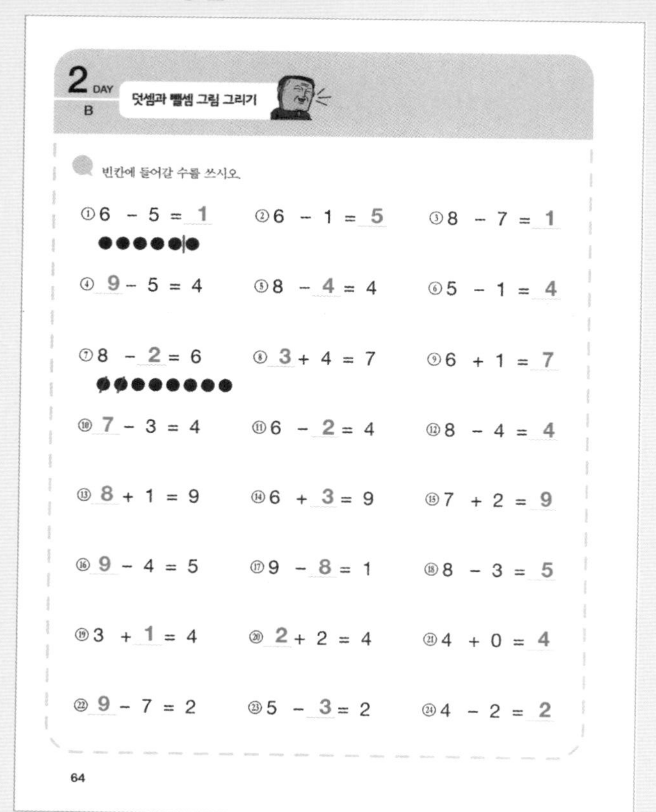

2 DAY B 덧셈과 뺄셈 그림 그리기

빈칸에 들어갈 수를 쓰시오.

① 6 − 5 = 1　② 6 − 1 = 5　③ 8 − 7 = 1

④ 9 − 5 = 4　⑤ 8 − 4 = 4　⑥ 5 − 1 = 4

⑦ 8 − 2 = 6　⑧ 3 + 4 = 7　⑨ 6 + 1 = 7

⑩ 7 − 3 = 4　⑪ 6 − 2 = 4　⑫ 8 − 4 = 4

⑬ 8 + 1 = 9　⑭ 6 + 3 = 9　⑮ 7 + 2 = 9

⑯ 9 − 4 = 5　⑰ 9 − 8 = 1　⑱ 8 − 3 = 5

⑲ 3 + 1 = 4　⑳ 2 + 2 = 4　㉑ 4 + 0 = 4

㉒ 9 − 7 = 2　㉓ 5 − 3 = 2　㉔ 4 − 2 = 2

64

≫≫ 65쪽 정답

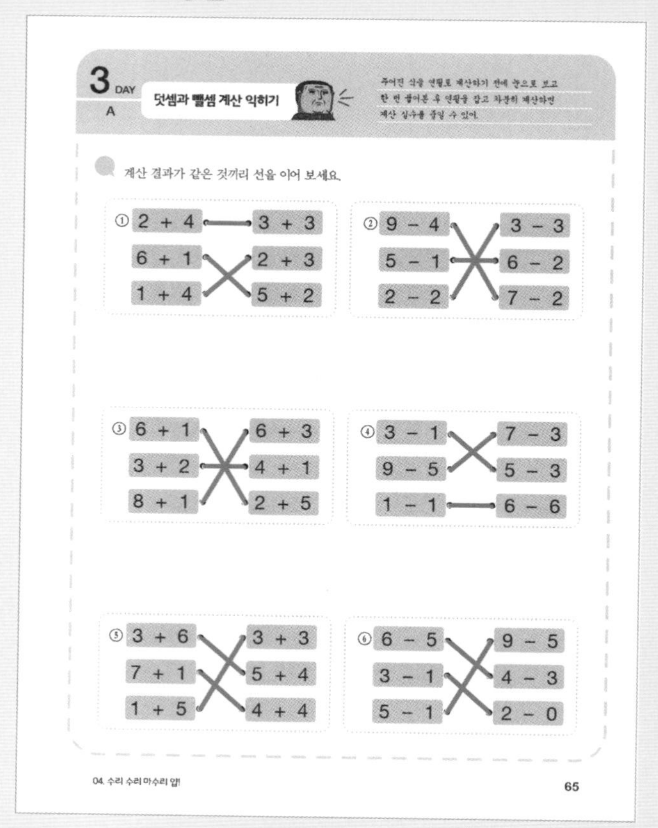

3 DAY A 덧셈과 뺄셈 계산 익히기

계산 결과가 같은 것끼리 선을 이어 보세요.

① 2 + 4, 6 + 1, 1 + 4 / 3 + 3, 2 + 3, 5 + 2

② 9 − 4, 5 − 1, 2 − 2 / 3 − 3, 6 − 2, 7 − 2

③ 6 + 1, 3 + 2, 8 + 1 / 6 + 3, 4 + 1, 2 + 5

④ 3 − 1, 9 − 5, 1 − 1 / 7 − 3, 5 − 3, 6 − 6

⑤ 3 + 6, 7 + 1, 1 + 5 / 3 + 3, 5 + 4, 4 + 4

⑥ 6 − 5, 3 − 1, 5 − 1 / 9 − 5, 4 − 3, 2 − 0

04. 수리 수리 마수리 얍!　65

≫≫ 66쪽 정답

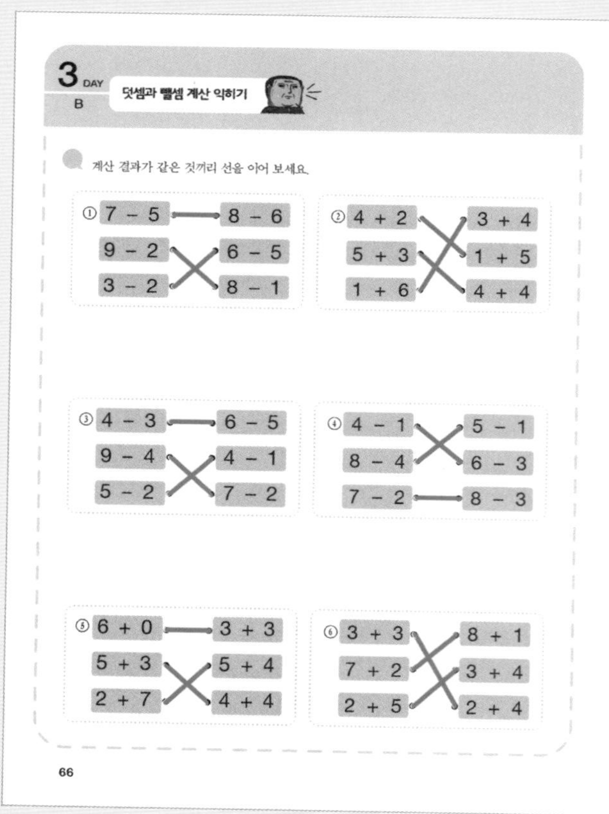

3 DAY B 덧셈과 뺄셈 계산 익히기

계산 결과가 같은 것끼리 선을 이어 보세요.

① 7 − 5, 9 − 2, 3 − 2 / 8 − 6, 6 − 5, 8 − 1

② 4 + 2, 5 + 3, 1 + 6 / 3 + 4, 1 + 5, 4 + 4

③ 4 − 3, 9 − 4, 5 − 2 / 6 − 5, 4 − 1, 7 − 2

④ 4 − 1, 8 − 4, 7 − 2 / 5 − 1, 6 − 3, 8 − 3

⑤ 6 + 0, 5 + 3, 2 + 7 / 3 + 3, 5 + 4, 4 + 4

⑥ 3 + 3, 7 + 2, 2 + 5 / 8 + 1, 3 + 4, 2 + 4

66

≫≫ 67쪽 정답

4 DAY A 차례차례 더하고 빼기

주어진 그림을 보고 덧셈과 뺄셈을 해보세요.

예시

8 −2 → 6 +3 → 9

① 5 +2 → 7 −3 → 4

② 8 −5 → 3 +2 → 5

③ 2 +7 → 9 −4 → 5

④ 4 +2 → 6 +3 → 9

⑤ 9 −3 → 6 −4 → 2

⑥ 6 +2 → 8 −5 → 3

04. 수리 수리 마수리 얍!　67

≫ 68쪽 정답

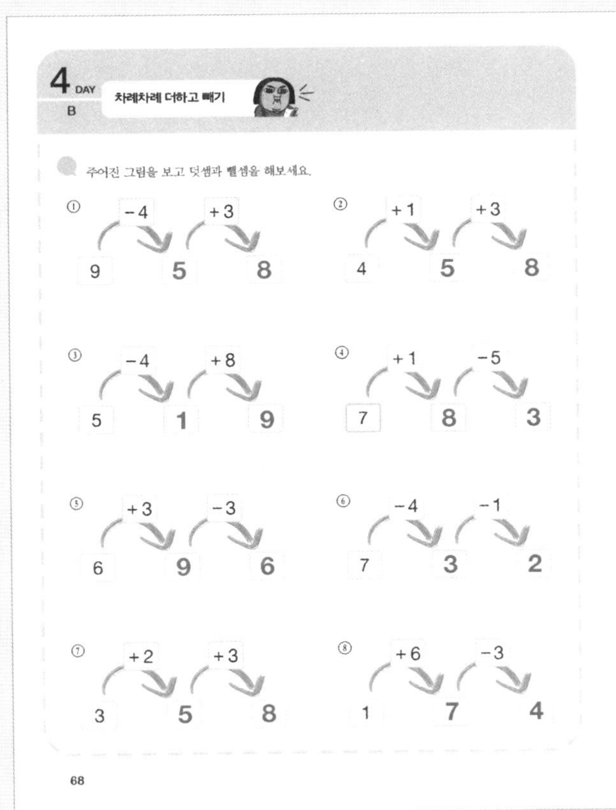

4 DAY B **차례차례 더하고 빼기**

주어진 그림을 보고 덧셈과 뺄셈을 해보세요.

① −4, +3: 9 → 5 → 8

② +1, +3: 4 → 5 → 8

③ −4, +8: 5 → 1 → 9

④ +1, −5: 7 → 8 → 3

⑤ +3, −3: 6 → 9 → 6

⑥ −4, −1: 7 → 3 → 2

⑦ +2, +3: 3 → 5 → 8

⑧ +6, −3: 1 → 7 → 4

68

≫ 69쪽 정답

5 DAY A **덧셈과 뺄셈 빈칸 채우기**

빈칸에 들어갈 수를 쓰시오.

예시

9 − 8 = 1
9 − 7 = 2
9 − 6 = 3
9 − 5 = 4
9 − 4 = 5

① 8 + 1 = 9, 7 + 2 = 9, 6 + 3 = 9, 5 + 4 = 9

② 1 + 0 = 1, 2 + 0 = 2, 3 + 0 = 3, 4 + 0 = 4

③ 8 − 1 = 7, 8 − 2 = 6, 8 − 3 = 5, 8 − 4 = 4

④ 3 + 5 = 8, 4 + 4 = 8, 5 + 3 = 8, 6 + 2 = 8

⑤ 7 − 6 = 1, 7 − 5 = 2, 7 − 4 = 3, 7 − 3 = 4

⑥ 1 + 6 = 7, 2 + 5 = 7, 3 + 4 = 7, 4 + 3 = 7

04. 수리 수리 마수리 얍! 69

≫ 70쪽 정답

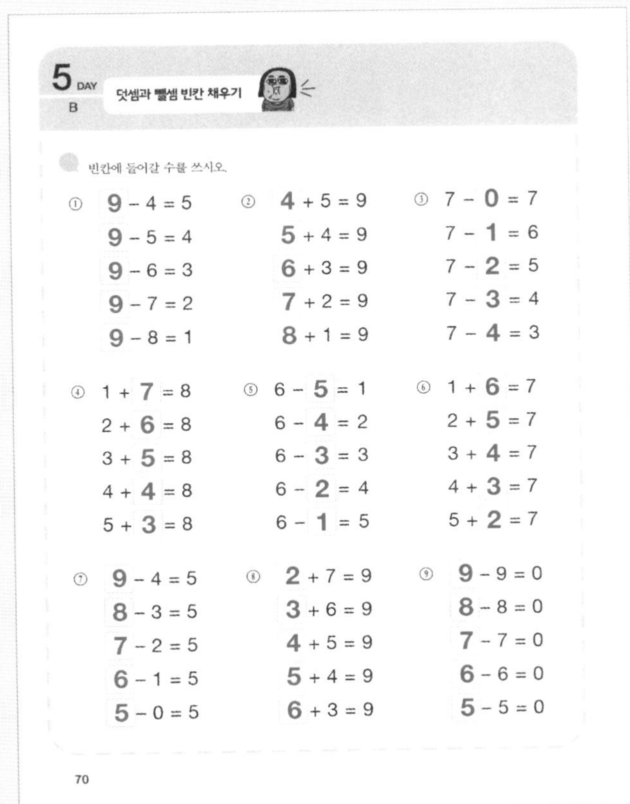

5 DAY B **덧셈과 뺄셈 빈칸 채우기**

빈칸에 들어갈 수를 쓰시오.

① 9 − 4 = 5, 9 − 5 = 4, 9 − 6 = 3, 9 − 7 = 2, 9 − 8 = 1

② 4 + 5 = 9, 5 + 4 = 9, 6 + 3 = 9, 7 + 2 = 9, 8 + 1 = 9

③ 7 − 0 = 7, 7 − 1 = 6, 7 − 2 = 5, 7 − 3 = 4, 7 − 4 = 3

④ 1 + 7 = 8, 2 + 6 = 8, 3 + 5 = 8, 4 + 4 = 8, 5 + 3 = 8

⑤ 6 − 5 = 1, 6 − 4 = 2, 6 − 3 = 3, 6 − 2 = 4, 6 − 1 = 5

⑥ 1 + 6 = 7, 2 + 5 = 7, 3 + 4 = 7, 4 + 3 = 7, 5 + 2 = 7

⑦ 9 − 4 = 5, 8 − 3 = 5, 7 − 2 = 5, 6 − 1 = 5, 5 − 0 = 5

⑧ 2 + 7 = 9, 3 + 6 = 9, 4 + 5 = 9, 5 + 4 = 9, 6 + 3 = 9

⑨ 9 − 9 = 0, 8 − 8 = 0, 7 − 7 = 0, 6 − 6 = 0, 5 − 5 = 0

70

≫ 71쪽 정답

이야기로 풀어요

☞ 잘못 푼 사람

( ) (O) ( ) ( )

☞ 틀린 답을 고쳐주세요.

3 + 5 = 8

04. 수리 수리 마수리 얍! 71

≫≫ 75쪽 정답

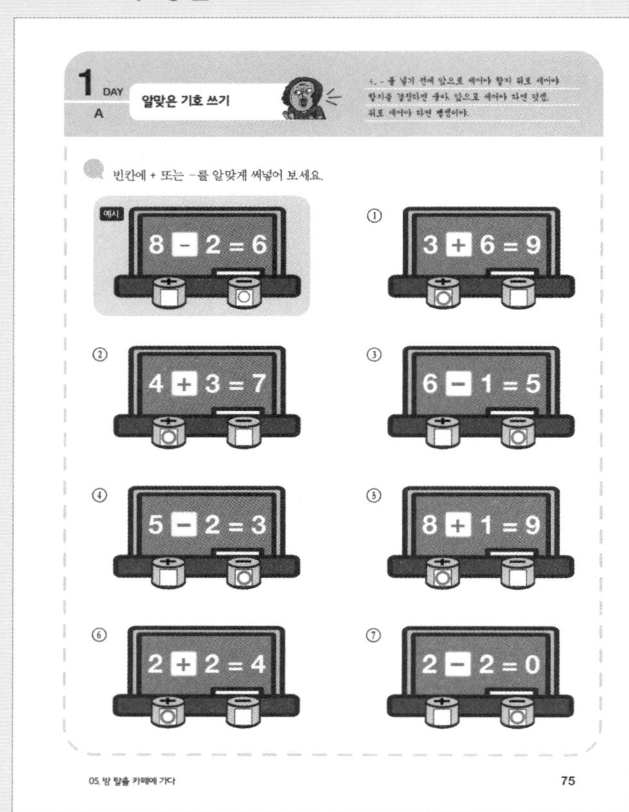

1 DAY A 알맞은 기호 쓰기

빈칸에 + 또는 −를 알맞게 써넣어 보세요.

예시 8 − 2 = 6

① 3 + 6 = 9

② 4 + 3 = 7

③ 6 − 1 = 5

④ 5 − 2 = 3

⑤ 8 + 1 = 9

⑥ 2 + 2 = 4

⑦ 2 − 2 = 0

05. 방 탈출 카페에 가다 75

≫≫ 76쪽 정답

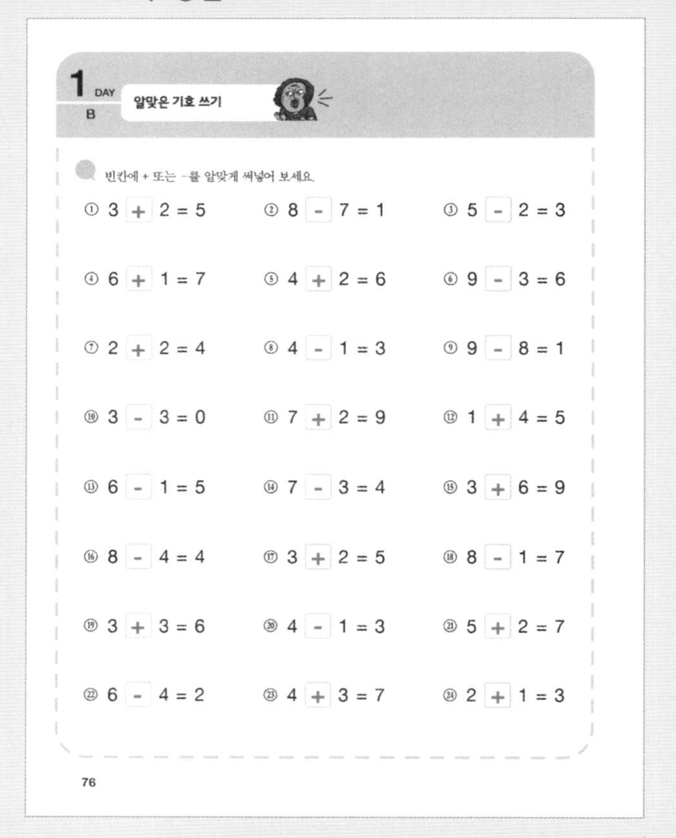

1 DAY B 알맞은 기호 쓰기

빈칸에 + 또는 −를 알맞게 써넣어 보세요.

① 3 + 2 = 5	② 8 - 7 = 1	③ 5 - 2 = 3
④ 6 + 1 = 7	⑤ 4 + 2 = 6	⑥ 9 - 3 = 6
⑦ 2 + 2 = 4	⑧ 4 - 1 = 3	⑨ 9 - 8 = 1
⑩ 3 - 3 = 0	⑪ 7 + 2 = 9	⑫ 1 + 4 = 5
⑬ 6 - 1 = 5	⑭ 7 - 3 = 4	⑮ 3 + 6 = 9
⑯ 8 - 4 = 4	⑰ 3 + 2 = 5	⑱ 8 - 1 = 7
⑲ 3 + 3 = 6	⑳ 4 - 1 = 3	㉑ 5 + 2 = 7
㉒ 6 - 4 = 2	㉓ 4 + 3 = 7	㉔ 2 + 1 = 3

76

≫≫ 77쪽 정답

2 DAY A 덧셈식과 뺄셈식 만들기

주어진 수를 모두 이용하여 덧셈식과 뺄셈식을 만들어 보세요.

예시 4 3 7

① 1 6 5

1 + 5 = 6 / 5 + 1 = 6   6 − 1 = 5 / 6 - 5 = 1

② 8 3 5

3 + 5 = 8 / 5 + 3 = 8   8 − 3 = 5 / 8 - 5 = 3

③ 3 6 9

3 + 6 = 9 / 6 + 3 = 9   9 − 3 = 6 / 9 - 6 = 3

④ 6 2 4

2 + 4 = 6 / 4 + 2 = 6   6 − 2 = 4 / 6 - 4 = 2

05. 방 탈출 카페에 가다 77

≫≫ 78쪽 정답

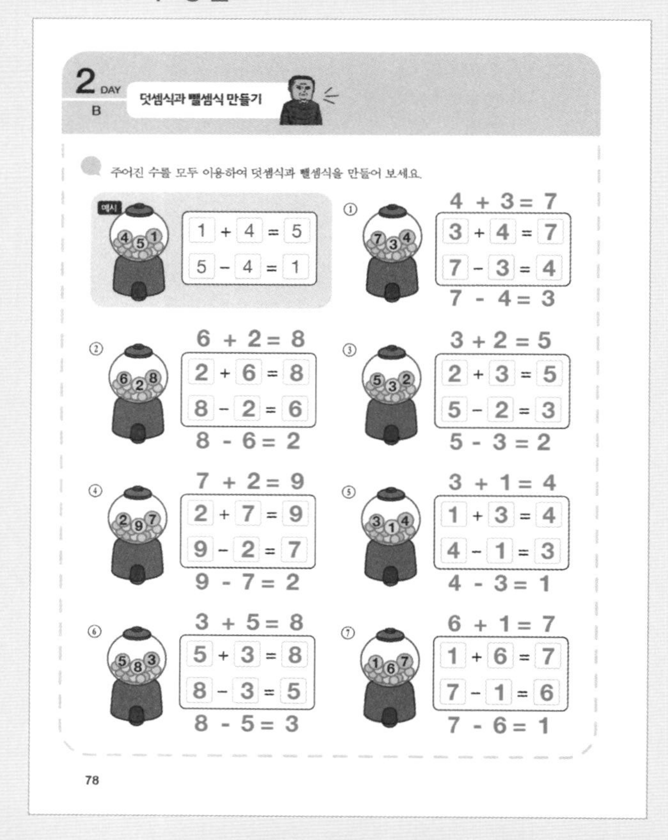

2 DAY B 덧셈식과 뺄셈식 만들기

주어진 수를 모두 이용하여 덧셈식과 뺄셈식을 만들어 보세요.

예시 (4, 5, 1) 1 + 4 = 5, 5 − 4 = 1

① (7, 3, 4) 4 + 3 = 7, 3 + 4 = 7, 7 − 3 = 4, 7 - 4 = 3

② (6, 2, 8) 6 + 2 = 8, 2 + 6 = 8, 8 − 2 = 6, 8 - 6 = 2

③ (5, 3, 2) 3 + 2 = 5, 2 + 3 = 5, 5 − 2 = 3, 5 - 3 = 2

④ (2, 9, 7) 7 + 2 = 9, 2 + 7 = 9, 9 − 2 = 7, 9 - 7 = 2

⑤ (3, 1, 4) 3 + 1 = 4, 1 + 3 = 4, 4 − 1 = 3, 4 - 3 = 1

⑥ (5, 8, 3) 3 + 5 = 8, 5 + 3 = 8, 8 − 3 = 5, 8 - 5 = 3

⑦ (1, 6, 7) 6 + 1 = 7, 1 + 6 = 7, 7 − 1 = 6, 7 - 6 = 1

78

≫≫ 79쪽 정답

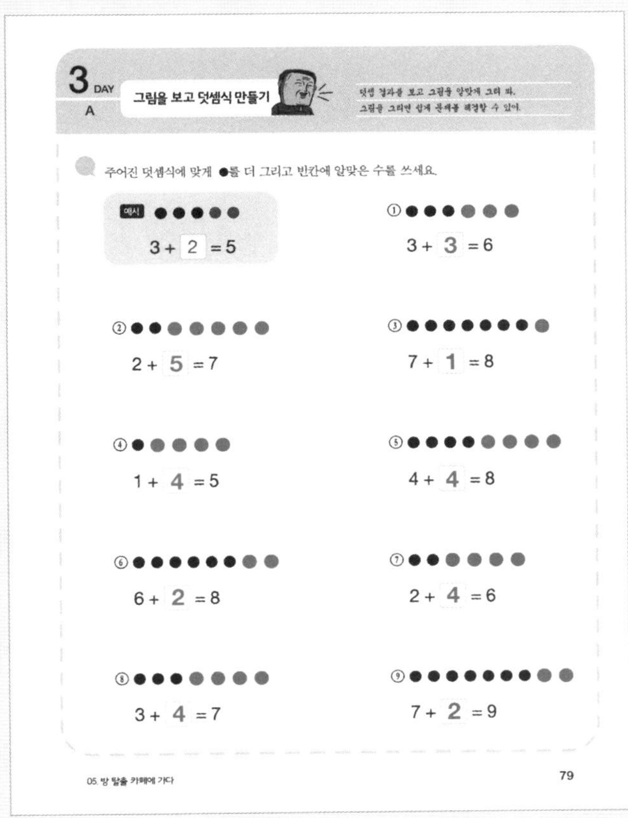

3 DAY A 그림을 보고 덧셈식 만들기

덧셈 결과를 보고 그림을 알맞게 그려 봐.
그림을 그리면 쉽게 문제를 해결할 수 있어.

주어진 덧셈식에 맞게 ●를 더 그리고 빈칸에 알맞은 수를 쓰세요.

예시 3 + 2 = 5

① 3 + 3 = 6

② 2 + 5 = 7

③ 7 + 1 = 8

④ 1 + 4 = 5

⑤ 4 + 4 = 8

⑥ 6 + 2 = 8

⑦ 2 + 4 = 6

⑧ 3 + 4 = 7

⑨ 7 + 2 = 9

05. 방 탈출 카페에 가다 79

≫≫ 80쪽 정답

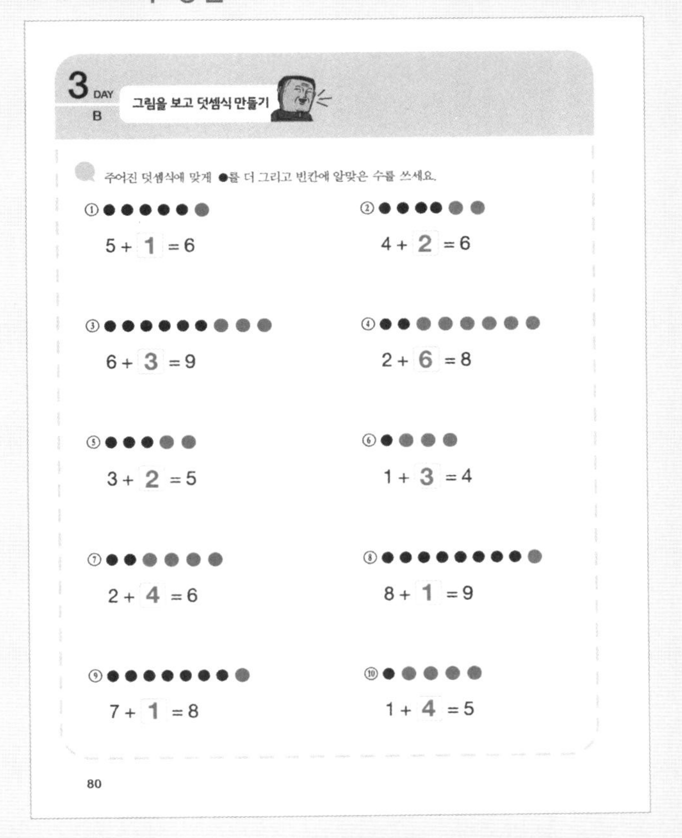

3 DAY B 그림을 보고 덧셈식 만들기

주어진 덧셈식에 맞게 ●를 더 그리고 빈칸에 알맞은 수를 쓰세요.

① 5 + 1 = 6

② 4 + 2 = 6

③ 6 + 3 = 9

④ 2 + 6 = 8

⑤ 3 + 2 = 5

⑥ 1 + 3 = 4

⑦ 2 + 4 = 6

⑧ 8 + 1 = 9

⑨ 7 + 1 = 8

⑩ 1 + 4 = 5

80

≫≫ 81쪽 정답

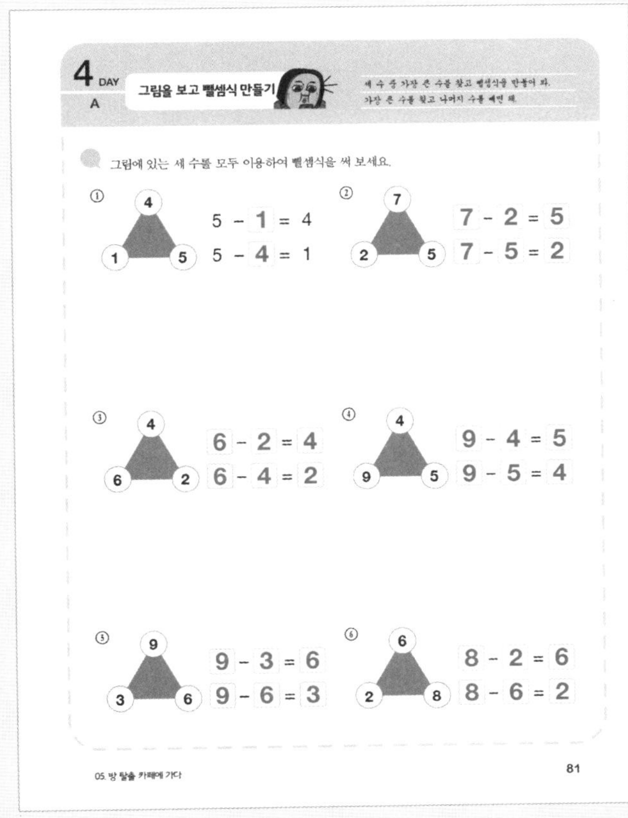

4 DAY A 그림을 보고 뺄셈식 만들기

세 수 중 가장 큰 수를 찾고 뺄셈식을 만들어 봐.
가장 큰 수를 찾고 나머지 수를 빼면 돼.

그림에 있는 세 수를 모두 이용하여 뺄셈식을 써 보세요.

① (4, 1, 5) 5 - 1 = 4, 5 - 4 = 1

② (7, 2, 5) 7 - 2 = 5, 7 - 5 = 2

③ (4, 6, 2) 6 - 2 = 4, 6 - 4 = 2

④ (4, 9, 5) 9 - 4 = 5, 9 - 5 = 4

⑤ (9, 3, 6) 9 - 3 = 6, 9 - 6 = 3

⑥ (6, 2, 8) 8 - 2 = 6, 8 - 6 = 2

05. 방 탈출 카페에 가다 81

≫≫ 82쪽 정답

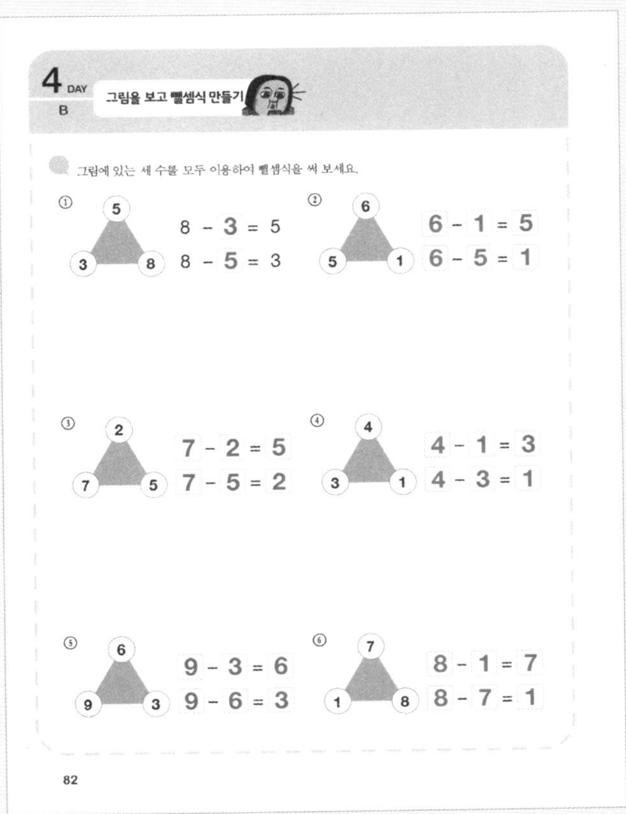

4 DAY B 그림을 보고 뺄셈식 만들기

그림에 있는 세 수를 모두 이용하여 뺄셈식을 써 보세요.

① (5, 3, 8) 8 - 3 = 5, 8 - 5 = 3

② (6, 5, 1) 6 - 1 = 5, 6 - 5 = 1

③ (2, 7, 5) 7 - 2 = 5, 7 - 5 = 2

④ (4, 3, 1) 4 - 1 = 3, 4 - 3 = 1

⑤ (6, 9, 3) 9 - 3 = 6, 9 - 6 = 3

⑥ (7, 1, 8) 8 - 1 = 7, 8 - 7 = 1

82

≫≫ 83쪽 정답

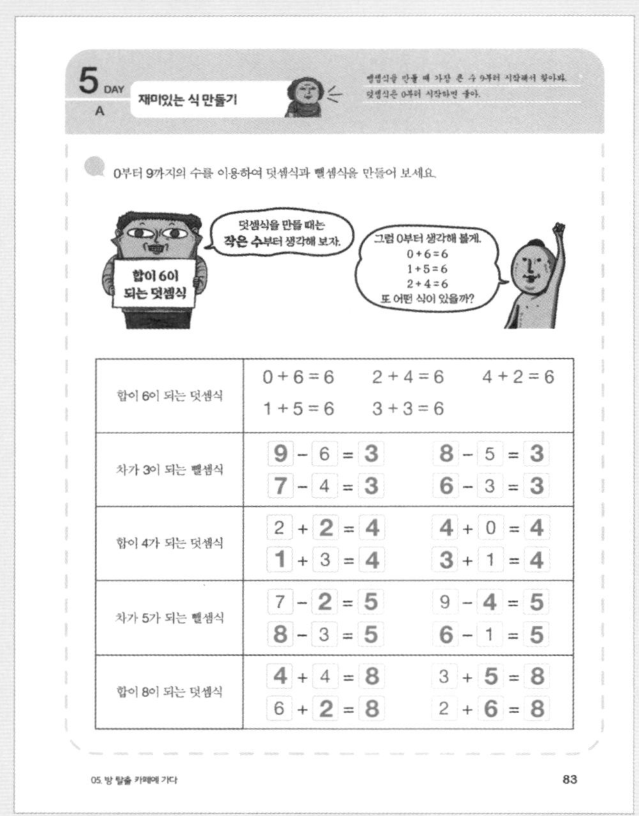

5 DAY A 재미있는 식 만들기

0부터 9까지의 수를 이용하여 덧셈식과 뺄셈식을 만들어 보세요.

합이 6이 되는 덧셈식	0 + 6 = 6 2 + 4 = 6 4 + 2 = 6 1 + 5 = 6 3 + 3 = 6
차가 3이 되는 뺄셈식	9 − 6 = 3 8 − 5 = 3 7 − 4 = 3 6 − 3 = 3
합이 4가 되는 덧셈식	2 + 2 = 4 4 + 0 = 4 1 + 3 = 4 3 + 1 = 4
차가 5가 되는 뺄셈식	7 − 2 = 5 9 − 4 = 5 8 − 3 = 5 6 − 1 = 5
합이 8이 되는 덧셈식	4 + 4 = 8 3 + 5 = 8 6 + 2 = 8 2 + 6 = 8

05. 방 탈출 카페에 가다 83

≫≫ 84쪽 정답

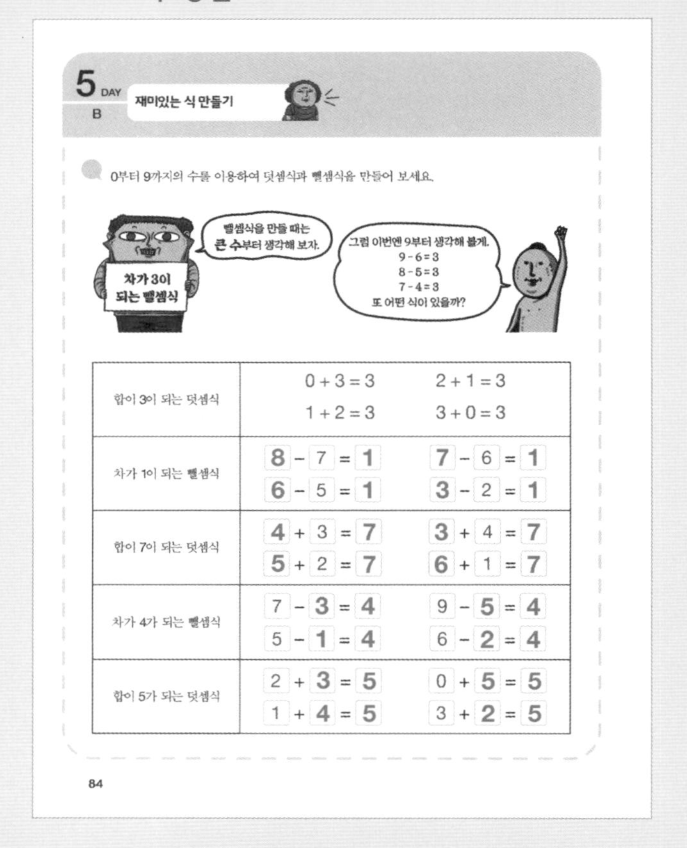

5 DAY B 재미있는 식 만들기

0부터 9까지의 수를 이용하여 덧셈식과 뺄셈식을 만들어 보세요.

합이 3이 되는 덧셈식	0 + 3 = 3 2 + 1 = 3 1 + 2 = 3 3 + 0 = 3
차가 1이 되는 뺄셈식	8 − 7 = 1 7 − 6 = 1 6 − 5 = 1 3 − 2 = 1
합이 7이 되는 덧셈식	4 + 3 = 7 3 + 4 = 7 5 + 2 = 7 6 + 1 = 7
차가 4가 되는 뺄셈식	7 − 3 = 4 9 − 5 = 4 5 − 1 = 4 6 − 2 = 4
합이 5가 되는 덧셈식	2 + 3 = 5 0 + 5 = 5 1 + 4 = 5 3 + 2 = 5

84

≫≫ 85쪽 정답

05. 방 탈출 카페에 가다 85

≫≫ 91쪽 정답

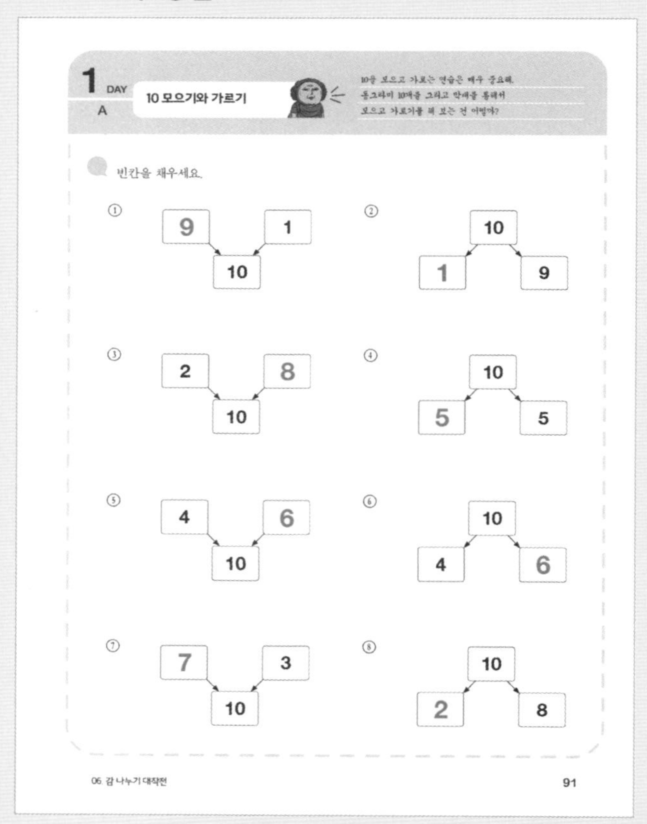

1 DAY A 10 모으기와 가르기

빈칸을 채우세요.

① 9, 1 → 10
② 10 → 1, 9
③ 2, 8 → 10
④ 10 → 5, 5
⑤ 4, 6 → 10
⑥ 10 → 4, 6
⑦ 7, 3 → 10
⑧ 10 → 2, 8

06. 감 나누기 대작전 91

≫ 92쪽 정답

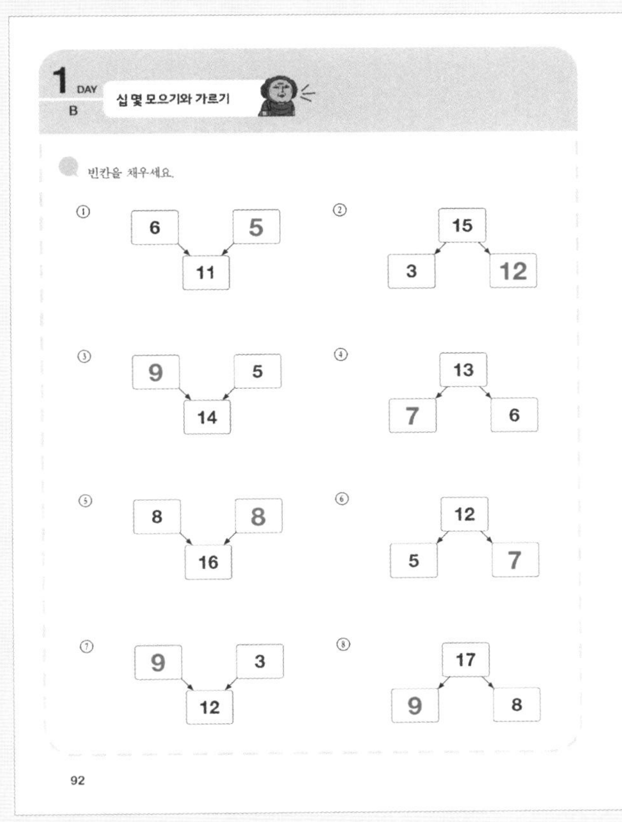

≫ 93쪽 정답

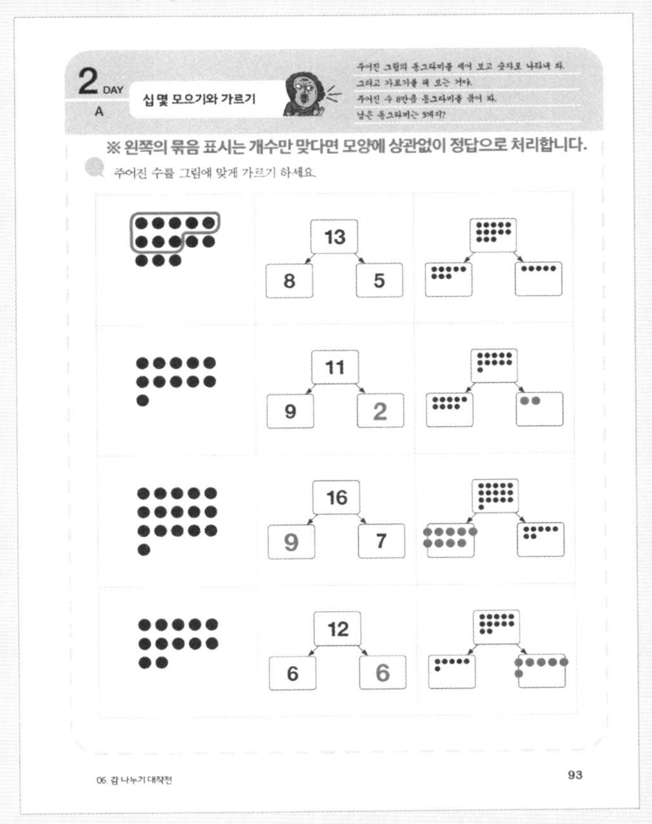

≫ 94쪽 정답

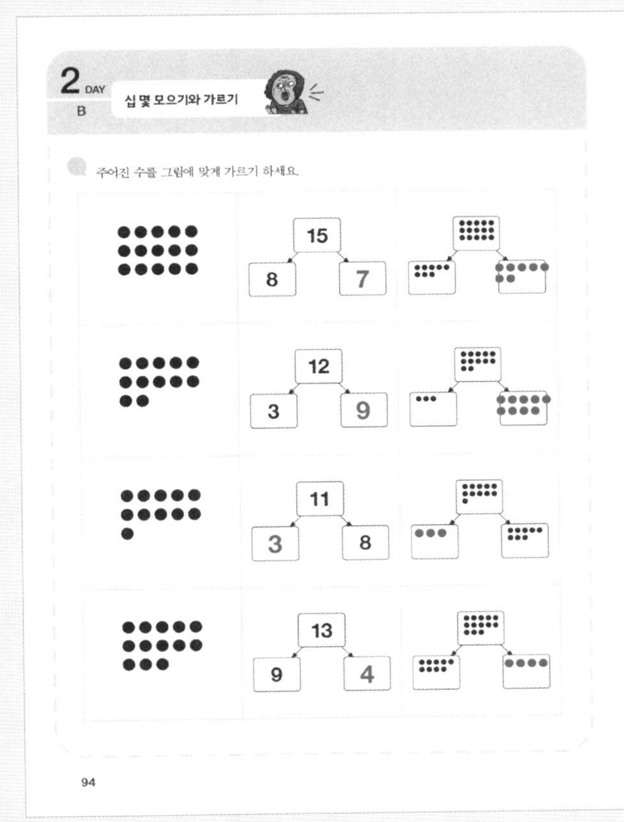

≫ 95쪽 정답

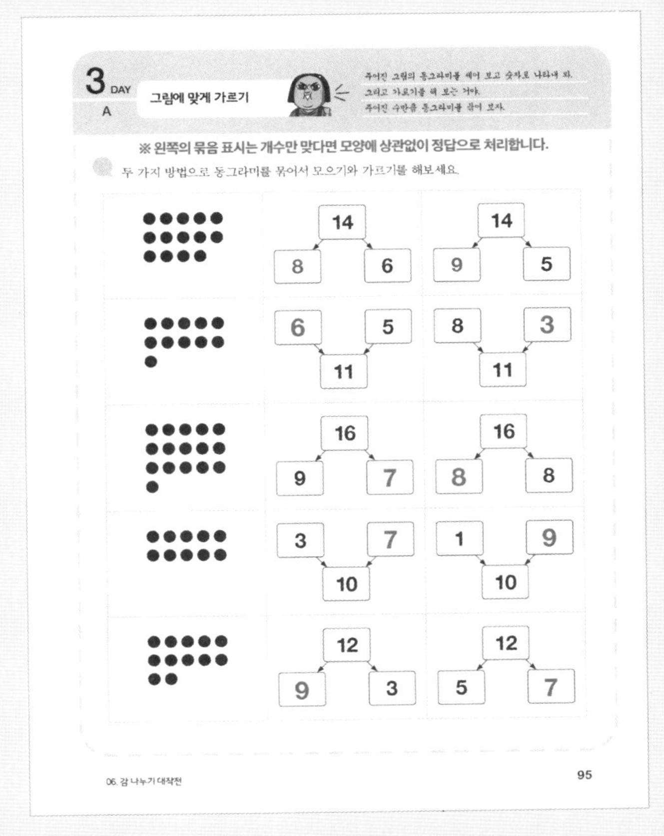

≫≫ 96쪽 정답

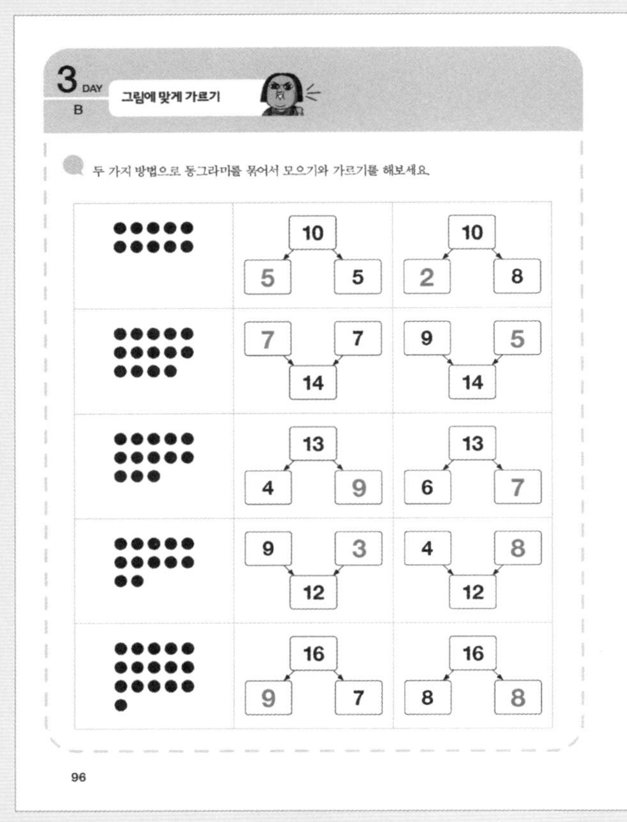

3 DAY B 그림에 맞게 가르기

두 가지 방법으로 동그라미를 묶어서 모으기와 가르기를 해보세요.

동그라미	모으기/가르기	모으기/가르기
●●●●● ●●●●●	10 → 5, 5	10 → 2, 8
●●●●● ●●●●● ●●●●	7, 7 → 14	9, 5 → 14
●●●●● ●●●●● ●●●	13 → 4, 9	13 → 6, 7
●●●●● ●●●●● ●●	9, 3 → 12	4, 8 → 12
●●●●● ●●●●● ●●●●● ●	16 → 9, 7	16 → 8, 8

96

≫≫ 97쪽 정답

4 DAY A 가르기로 알맞은 수 찾기

9개의 구슬을 오른손과 왼손에 나눠 가졌다고 생각해 봐.
그러면 9라는 수를 가르기 한 문제가 되겠지?
9개의 구슬을 그리고 막대를 그려서 풀어 보자.

석이는 모자에 적혀 있는 만큼 구슬을 가지고 있습니다.
한쪽 손에 있는 구슬의 수를 보고 다른 한쪽에 있는 구슬의 수를 빈칸에 쓰세요.

① 6 / 2 / 4
② 11 / 11 / 0
③ 8 / 4 / 4
④ 10 / 7 / 3
⑤ 15 / 3 / 12
⑥ 9 / 6 / 3

06. 감 나누기 대작전 97

≫≫ 98쪽 정답

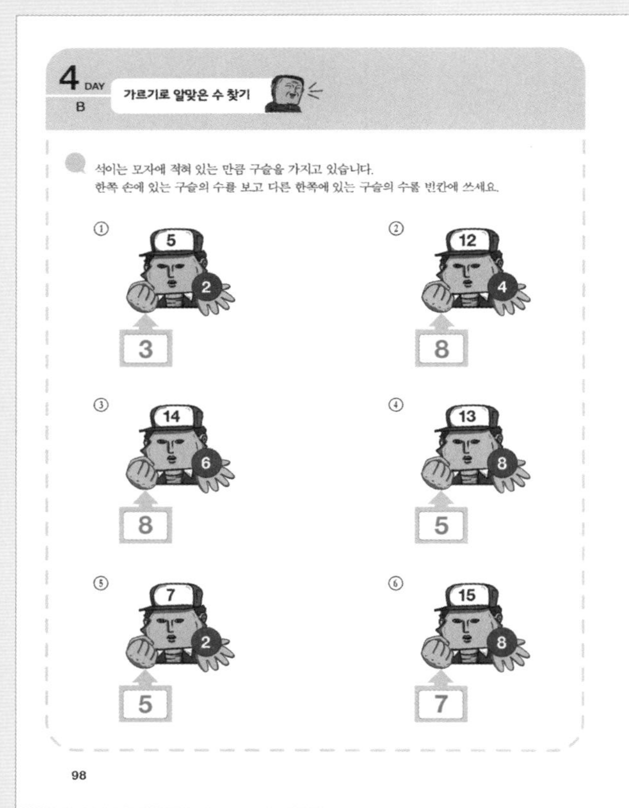

4 DAY B 가르기로 알맞은 수 찾기

석이는 모자에 적혀 있는 만큼 구슬을 가지고 있습니다.
한쪽 손에 있는 구슬의 수를 보고 다른 한쪽에 있는 구슬의 수를 빈칸에 쓰세요.

① 5 / 2 / 3
② 12 / 4 / 8
③ 14 / 6 / 8
④ 13 / 8 / 5
⑤ 7 / 2 / 5
⑥ 15 / 8 / 7

98

≫≫ 99쪽 정답

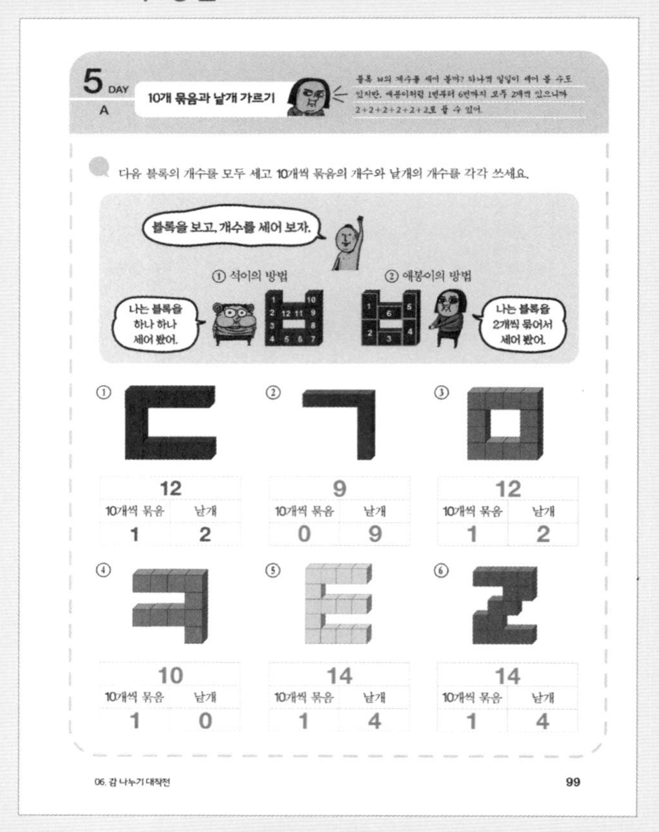

5 DAY A 10개 묶음과 낱개 가르기

블록 ㅂ의 개수를 세어 볼까? 하나씩 일일이 세어 볼 수도
있지만, 애봉이처럼 1번부터 6번까지 모두 2개씩 있으니까
2+2+2+2+2+2로 풀 수 있어.

다음 블록의 개수를 모두 세고 10개씩 묶음의 개수와 낱개의 개수를 각각 쓰세요.

	전체	10개씩 묶음	낱개
①	12	1	2
②	9	0	9
③	12	1	2
④	10	1	0
⑤	14	1	4
⑥	14	1	4

06. 감 나누기 대작전 99

≫ 100쪽 정답

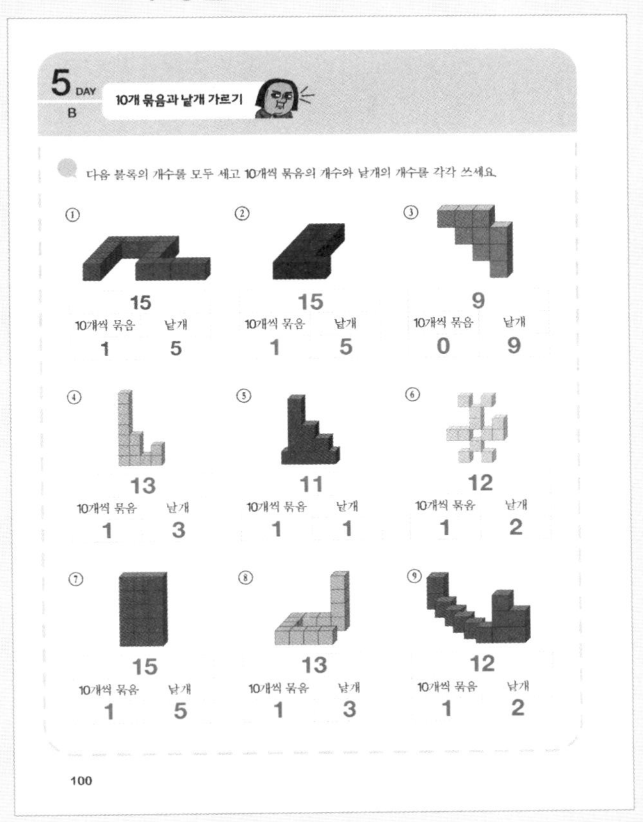

5 DAY B 10개 묶음과 낱개 가르기

다음 블록의 개수를 모두 세고 10개씩 묶음의 개수와 낱개의 개수를 각각 쓰세요.

번호	개수	10개씩 묶음	낱개
①	15	1	5
②	15	1	5
③	9	0	9
④	13	1	3
⑤	11	1	1
⑥	12	1	2
⑦	15	1	5
⑧	13	1	3
⑨	12	1	2

100

≫ 101쪽 정답

≫ 105쪽 정답

1 DAY A 50까지의 수 묶어세기

수를 보고 10개씩 묶음 수와 낱개 수를 적으세요.

숫자	10개씩 묶음	낱개
36	3	6
19	1	9
41	4	1
35	3	5
24	2	4
20	2	0
44	4	4
38	3	8
23	2	3
15	1	5
31	3	1
27	2	7
42	4	2
50	5	0
26	2	6

07. 이제부터 수학왕 105

≫ 106쪽 정답

1 DAY B 50까지의 수 묶어세기

수를 보고 10개씩 묶음 수와 낱개 수를 적으세요.

숫자	10개씩 묶음	낱개
22	2	2
48	4	8
33	3	3
29	2	9
14	1	4
21	2	1
49	4	9
17	1	7
34	3	4
25	2	5
46	4	6
13	1	3
32	3	2
45	4	5
37	3	7

106

≫ 107쪽 정답

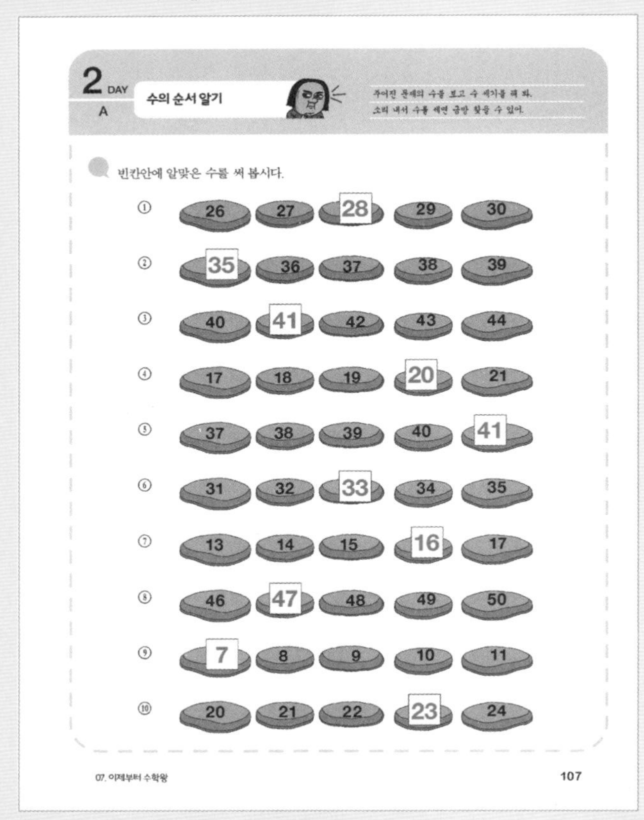

2 DAY A 수의 순서 알기

주어진 문제의 수를 보고 수 세기를 해 봐.
소리 내서 수를 세면 금방 찾을 수 있어.

빈칸안에 알맞은 수를 써 봅시다.

① 26 27 28 29 30
② 35 36 37 38 39
③ 40 41 42 43 44
④ 17 18 19 20 21
⑤ 37 38 39 40 41
⑥ 31 32 33 34 35
⑦ 13 14 15 16 17
⑧ 46 47 48 49 50
⑨ 7 8 9 10 11
⑩ 20 21 22 23 24

07. 이제부터 수학왕 107

≫ 108쪽 정답

2 DAY B 수의 순서 알기

빈칸안에 알맞은 수를 써 봅시다.

① 30 31 32 33 34
② 10 11 12 13 14
③ 42 43 44 45 46
④ 44 45 46 47 48
⑤ 36 37 38 39 40
⑥ 15 16 17 18 19
⑦ 32 33 34 35 36
⑧ 21 22 23 24 25

108

≫ 109쪽 정답

3 DAY A 두 수의 크기 비교하기

두 수의 크기를 비교할 때는 10개씩
묶음의 수를 먼저 비교해.
만약 똑같으면 낱개의 수를 비교하면 돼.

아래 표 빈칸에 알맞은 수를 쓰고 크기 비교를 하세요.

수	10개씩 묶음	낱개	크기 비교
39	3	9	39는 33보다 (큽니다, 작습니다)
33	3	3	
17	1	7	17은 27보다 (큽니다, 작습니다)
27	2	7	
49	4	9	49는 50보다 (큽니다, 작습니다)
50	5	0	
37	3	7	37은 17보다 (큽니다, 작습니다)
17	1	7	
20	2	0	20은 30보다 (큽니다, 작습니다)
30	3	0	

07. 이제부터 수학왕 109

≫ 110쪽 정답

3 DAY B 두 수의 크기 비교하기

아래 표 빈칸에 알맞은 수를 쓰고 크기 비교를 하세요.

수	10개씩 묶음	낱개	크기 비교
28	2	8	28은 31보다 (큽니다, 작습니다)
31	3	1	
16	1	6	16은 22보다 (큽니다, 작습니다)
22	2	2	
45	4	5	45는 43보다 (큽니다, 작습니다)
43	4	3	
25	2	5	25는 40보다 (큽니다, 작습니다)
40	4	0	
43	4	3	43은 37보다 (큽니다, 작습니다)
37	3	7	
22	2	2	22는 20보다 (큽니다, 작습니다)
20	2	0	
14	1	4	14는 41보다 (큽니다, 작습니다)
41	4	1	
34	3	4	34는 24보다 (큽니다, 작습니다)
24	2	4	
48	4	8	48은 50보다 (큽니다, 작습니다)
50	5	0	

110

≫ 111쪽 정답

4 DAY A **순서대로 쓰기**

6개 수 중에서 가장 작은 수를 찾고 그다음 큰 수를 하나씩 차근차근 찾아보자! 가장 큰 수를 찾고 그다음 작은 수를 찾아도 돼.

작은 수부터 순서대로 쓰세요.

문제	정답
21, 14, 17, 20, 36, 44	14, 17, 20, 21, 36, 44
3, 12, 50, 39, 33, 30	3, 12, 30, 33, 39, 50
31, 11, 34, 22, 35, 39	11, 22, 31, 34, 35, 39
10, 50, 32, 40, 20, 30	10, 20, 30, 32, 40, 50
48, 32, 22, 31, 30, 23	22, 23, 30, 31, 32, 48
10, 9, 2, 23, 30, 47	2, 9, 10, 23, 30, 47
33, 20, 11, 24, 28, 31	11, 20, 24, 28, 31, 33
1, 11, 21, 49, 30, 29	1, 11, 21, 29, 30, 49
9, 20, 13, 28, 36, 49	9, 13, 20, 28, 36, 49
44, 43, 39, 21, 19, 13	13, 19, 21, 39, 43, 44

07. 이제부터 수학왕 111

≫ 112쪽 정답

4 DAY B **순서대로 쓰기**

작은 수부터 순서대로 쓰세요.

문제	정답
17, 25, 19, 30, 43, 3	3, 17, 19, 25, 30, 43
49, 15, 5, 33, 44, 22	5, 15, 22, 33, 44, 49
31, 35, 29, 14, 3, 8	3, 8, 14, 29, 31, 35
28, 13, 5, 18, 41, 9	5, 9, 13,18, 28, 41
11, 37, 42, 21, 6, 19	6, 11, 19, 21, 37, 42
4, 26, 27, 16, 35, 48	4, 16, 26, 27, 35, 48
12, 9, 25, 11, 20, 7	7, 9, 11, 12, 20, 25
45, 39, 50, 24, 13, 19	13, 19, 24, 39, 45, 50
25, 10, 29, 37, 41, 18	10, 18, 25, 29, 37, 41
14, 34, 26, 31, 40, 50	14, 26, 31, 34, 40, 50

112

≫ 113쪽 정답

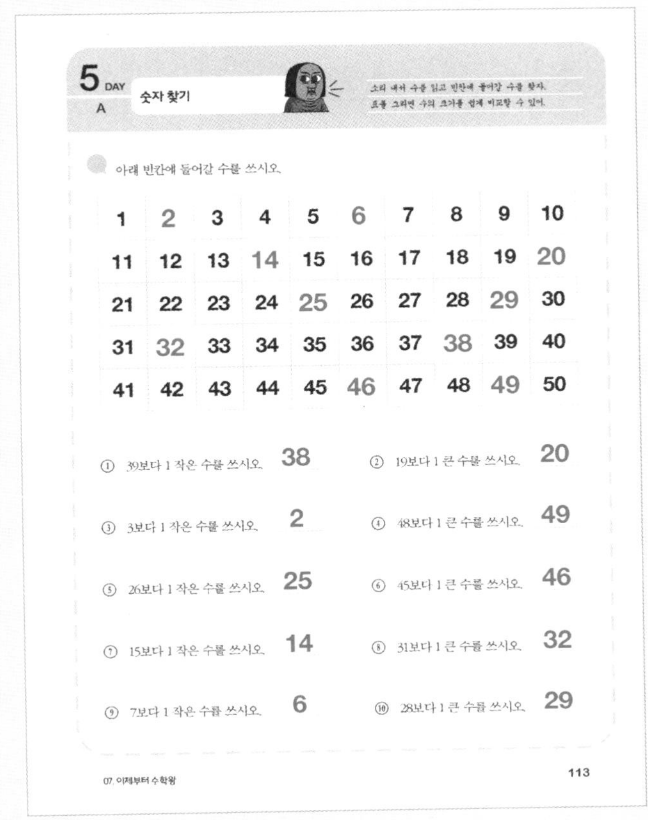

5 DAY A **숫자 찾기**

소리 내서 수를 읽고 빈칸에 들어갈 수를 찾자. 표를 그리면 수의 크기를 쉽게 비교할 수 있어.

아래 빈칸에 들어갈 수를 쓰시오.

1	2	3	4	5	6	7	8	9	10
11	12	13	14	15	16	17	18	19	20
21	22	23	24	25	26	27	28	29	30
31	32	33	34	35	36	37	38	39	40
41	42	43	44	45	46	47	48	49	50

① 39보다 1 작은 수를 쓰시오. 38
② 19보다 1 큰 수를 쓰시오. 20
③ 3보다 1 작은 수를 쓰시오. 2
④ 48보다 1 큰 수를 쓰시오. 49
⑤ 26보다 1 작은 수를 쓰시오. 25
⑥ 45보다 1 큰 수를 쓰시오. 46
⑦ 15보다 1 작은 수를 쓰시오. 14
⑧ 31보다 1 큰 수를 쓰시오. 32
⑨ 7보다 1 작은 수를 쓰시오. 6
⑩ 28보다 1 큰 수를 쓰시오. 29

07. 이제부터 수학왕 113

≫ 114쪽 정답

5 DAY B **숫자 찾기**

아래 빈칸에 들어갈 수를 쓰시오.

1	2	3	4	5	6	7	8	9	10
11	12	13	14	15	16	17	18	19	20
21	22	23	24	25	26	27	28	29	30
31	32	33	34	35	36	37	38	39	40
41	42	43	44	45	46	47	48	49	50

① 13보다 1 작은 수를 쓰시오. 12
② 1보다 1 큰 수를 쓰시오. 2
③ 25보다 1 작은 수를 쓰시오. 24
④ 15보다 1 큰 수를 쓰시오. 16
⑤ 29보다 1 작은 수를 쓰시오. 28
⑥ 7보다 1 큰 수를 쓰시오. 8
⑦ 18보다 1 작은 수를 쓰시오. 17
⑧ 35보다 1 큰 수를 쓰시오. 36
⑨ 32보다 1 작은 수를 쓰시오. 31
⑩ 47보다 1 큰 수를 쓰시오. 48

114

≫≫ 115쪽 정답

≫≫ 119쪽 정답

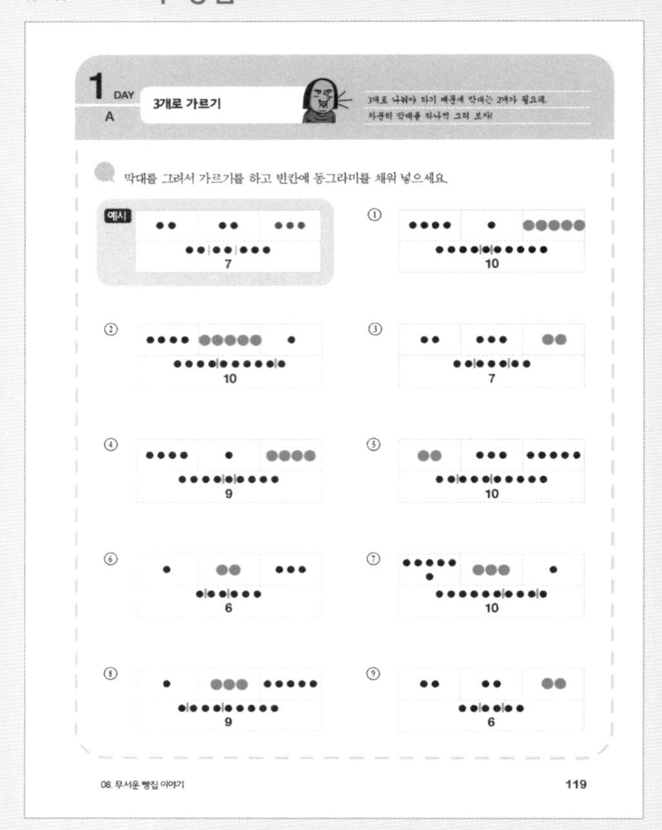

≫≫ 120쪽 정답

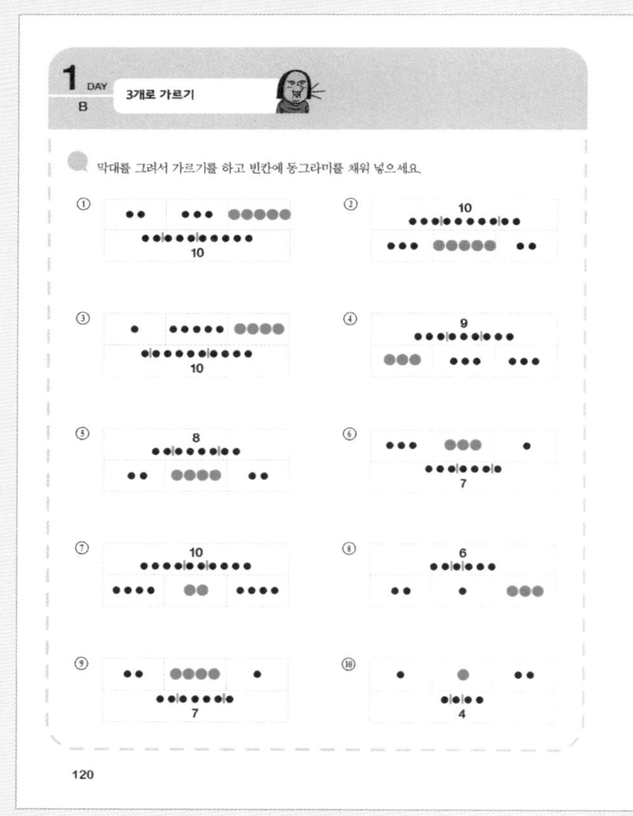

≫≫ 121쪽 정답

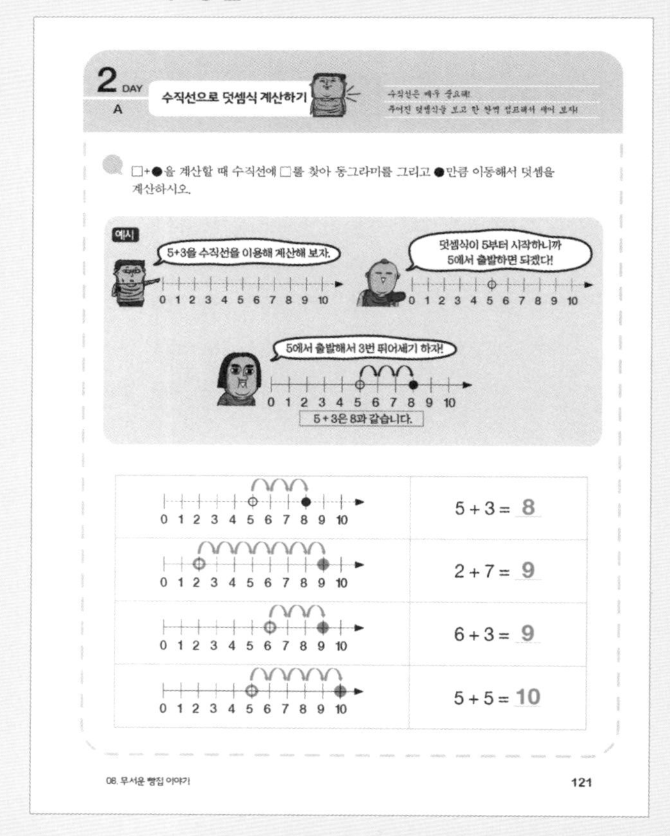

≫ 122쪽 정답

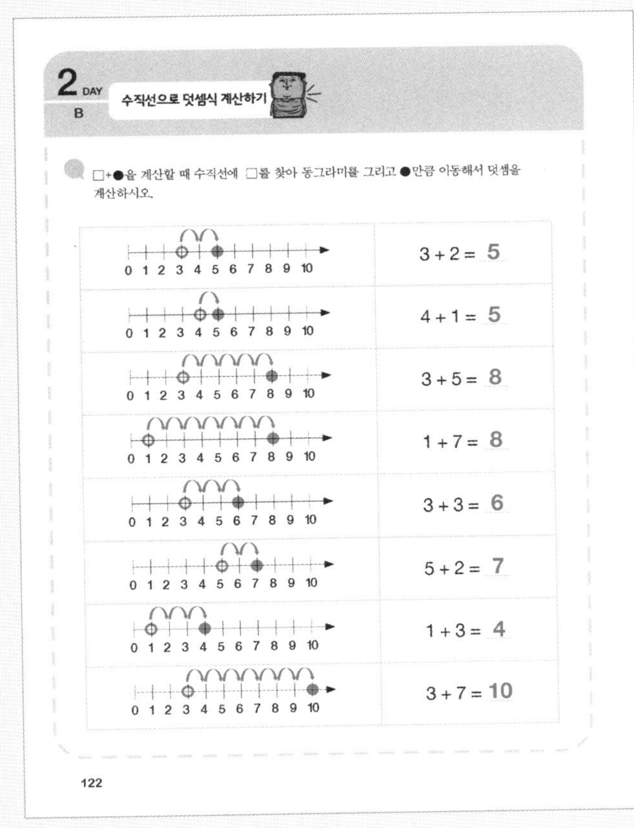

2 DAY B **수직선으로 덧셈식 계산하기**

□+●을 계산할 때 수직선에 □를 찾아 동그라미를 그리고 ●만큼 이동해서 덧셈을 계산하시오.

수직선	식
0 1 2 3 4 5 6 7 8 9 10	3 + 2 = 5
0 1 2 3 4 5 6 7 8 9 10	4 + 1 = 5
0 1 2 3 4 5 6 7 8 9 10	3 + 5 = 8
0 1 2 3 4 5 6 7 8 9 10	1 + 7 = 8
0 1 2 3 4 5 6 7 8 9 10	3 + 3 = 6
0 1 2 3 4 5 6 7 8 9 10	5 + 2 = 7
0 1 2 3 4 5 6 7 8 9 10	1 + 3 = 4
0 1 2 3 4 5 6 7 8 9 10	3 + 7 = 10

122

≫ 123쪽 정답

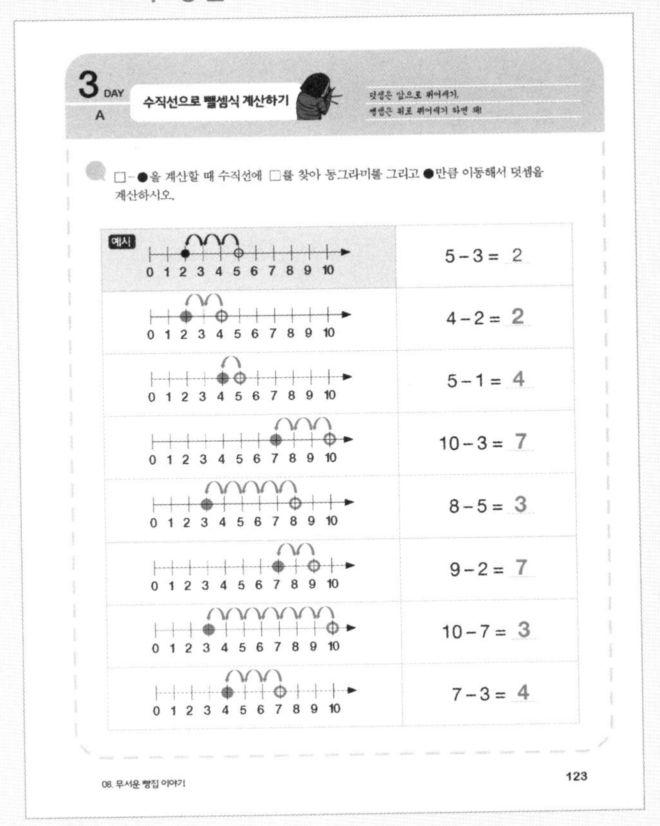

3 DAY A **수직선으로 뺄셈식 계산하기**

덧셈은 앞으로 뛰어세기,
뺄셈은 뒤로 뛰어세기 하면 돼!

□-●을 계산할 때 수직선에 □를 찾아 동그라미를 그리고 ●만큼 이동해서 덧셈을 계산하시오.

수직선	식
예시 0 1 2 3 4 5 6 7 8 9 10	5 − 3 = 2
0 1 2 3 4 5 6 7 8 9 10	4 − 2 = 2
0 1 2 3 4 5 6 7 8 9 10	5 − 1 = 4
0 1 2 3 4 5 6 7 8 9 10	10 − 3 = 7
0 1 2 3 4 5 6 7 8 9 10	8 − 5 = 3
0 1 2 3 4 5 6 7 8 9 10	9 − 2 = 7
0 1 2 3 4 5 6 7 8 9 10	10 − 7 = 3
0 1 2 3 4 5 6 7 8 9 10	7 − 3 = 4

08. 무서운 빵집 이야기 123

≫ 124쪽 정답

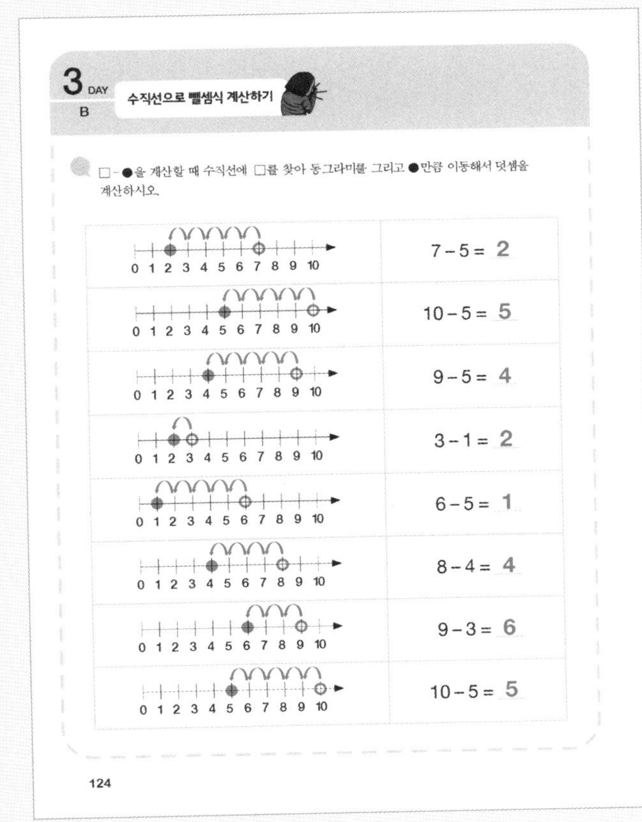

3 DAY B **수직선으로 뺄셈식 계산하기**

□-●을 계산할 때 수직선에 □를 찾아 동그라미를 그리고 ●만큼 이동해서 덧셈을 계산하시오.

수직선	식
0 1 2 3 4 5 6 7 8 9 10	7 − 5 = 2
0 1 2 3 4 5 6 7 8 9 10	10 − 5 = 5
0 1 2 3 4 5 6 7 8 9 10	9 − 5 = 4
0 1 2 3 4 5 6 7 8 9 10	3 − 1 = 2
0 1 2 3 4 5 6 7 8 9 10	6 − 5 = 1
0 1 2 3 4 5 6 7 8 9 10	8 − 4 = 4
0 1 2 3 4 5 6 7 8 9 10	9 − 3 = 6
0 1 2 3 4 5 6 7 8 9 10	10 − 5 = 5

124

≫ 125쪽 정답

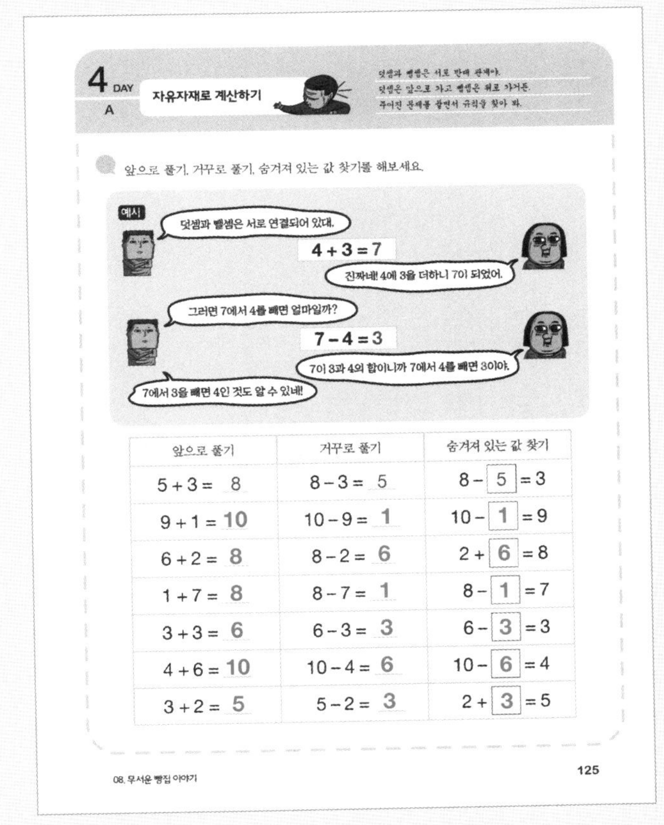

4 DAY A **자유자재로 계산하기**

덧셈과 뺄셈은 서로 반대 관계야.
덧셈은 앞으로 가고 뺄셈은 뒤로 가거든.
주어진 문제를 풀면서 규칙을 찾아 봐.

앞으로 풀기, 거꾸로 풀기, 숨겨져 있는 값 찾기를 해보세요.

앞으로 풀기	거꾸로 풀기	숨겨져 있는 값 찾기
5 + 3 = 8	8 − 3 = 5	8 − [5] = 3
9 + 1 = 10	10 − 9 = 1	10 − [1] = 9
6 + 2 = 8	8 − 2 = 6	2 + [6] = 8
1 + 7 = 8	8 − 7 = 1	8 − [1] = 7
3 + 3 = 6	6 − 3 = 3	6 − [3] = 3
4 + 6 = 10	10 − 4 = 6	10 − [6] = 4
3 + 2 = 5	5 − 2 = 3	2 + [3] = 5

08. 무서운 빵집 이야기 125

≫≫ 126쪽 정답

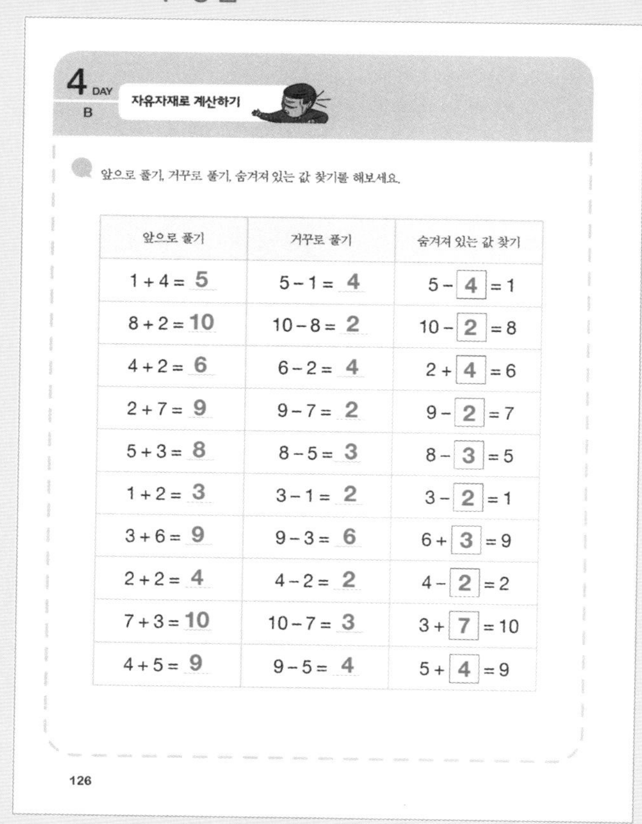

4 DAY B 자유자재로 계산하기

앞으로 풀기, 거꾸로 풀기, 숨겨져 있는 값 찾기를 해보세요.

앞으로 풀기	거꾸로 풀기	숨겨져 있는 값 찾기
1 + 4 = 5	5 − 1 = 4	5 − 4 = 1
8 + 2 = 10	10 − 8 = 2	10 − 2 = 8
4 + 2 = 6	6 − 2 = 4	2 + 4 = 6
2 + 7 = 9	9 − 7 = 2	9 − 2 = 7
5 + 3 = 8	8 − 5 = 3	8 − 3 = 5
1 + 2 = 3	3 − 1 = 2	3 − 2 = 1
3 + 6 = 9	9 − 3 = 6	6 + 3 = 9
2 + 2 = 4	4 − 2 = 2	4 − 2 = 2
7 + 3 = 10	10 − 7 = 3	3 + 7 = 10
4 + 5 = 9	9 − 5 = 4	5 + 4 = 9

126

≫≫ 127쪽 정답

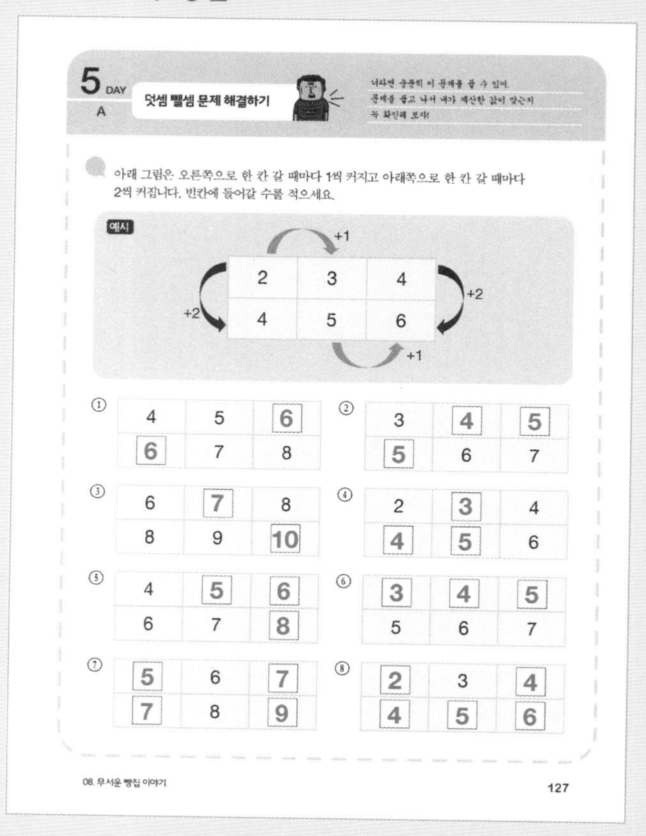

5 DAY A 덧셈 뺄셈 문제 해결하기

아래 그림은 오른쪽으로 한 칸 갈 때마다 1씩 커지고 아래쪽으로 한 칸 갈 때마다 2씩 커집니다. 빈칸에 들어갈 수를 적으세요.

예시 (+1, +2)

2	3	4
4	5	6

①

4	5	6
6	7	8

②

3	4	5
5	6	7

③

6	7	8
8	9	10

④

2	3	4
4	5	6

⑤

4	5	6
6	7	8

⑥

3	4	5
5	6	7

⑦

5	6	7
7	8	9

⑧

2	3	4
4	5	6

08. 무서운 빵집 이야기 127

≫≫ 128쪽 정답

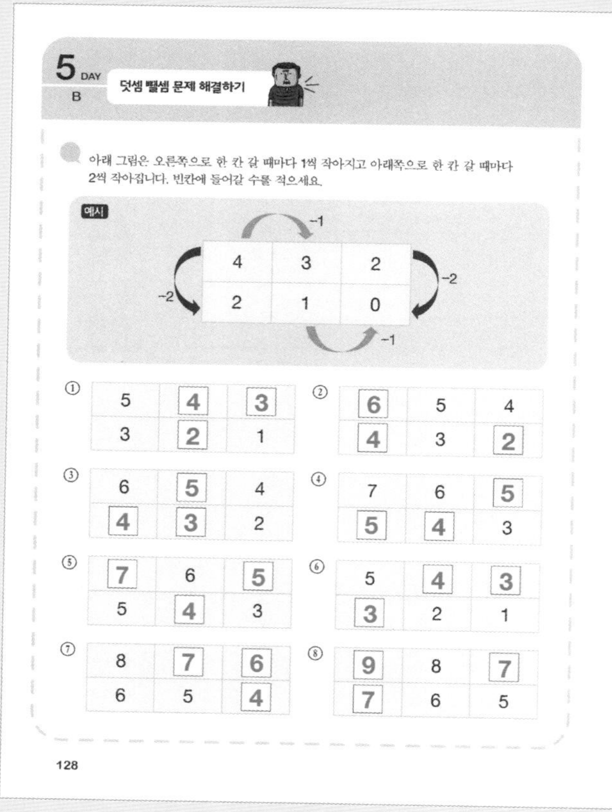

5 DAY B 덧셈 뺄셈 문제 해결하기

아래 그림은 오른쪽으로 한 칸 갈 때마다 1씩 작아지고 아래쪽으로 한 칸 갈 때마다 2씩 작아집니다. 빈칸에 들어갈 수를 적으세요.

예시 (−1, −2)

4	3	2
2	1	0

①

5	4	3
3	2	1

②

6	5	4
4	3	2

③

6	5	4
4	3	2

④

7	6	5
5	4	3

⑤

7	6	5
5	4	3

⑥

5	4	3
3	2	1

⑦

8	7	6
6	5	4

⑧

9	8	7
7	6	5

128

≫≫ 129쪽 정답

스스로 척척상

1학년 .... 반

....

위 학생은 누가 시키지 않아도
스스로 수학 문제를 푸는 자랑스러운 모습으로
모두의 기쁨이 되었기에 이 상장을 드립니다.

.... 년 .... 월 .... 일